부산문화지리지

차
례

부산문화지리지

에코델타시티엔 염전,
부산신항엔
신석기시대 공동묘지

글 / 이상헌

명지도 염전 유적 1, 2호 염전 전경

[신시가지에서 만난 구석기]

그린시티로 이름 바꾼 해운대 신시가지엔 부산 역사를 구석기시대까지 끌어올린 좌동·중동 구석기 유적이 있다. 햇살공원을 중심으로 두 유적은 불과 300m 떨어진 거리에 있지만 시간적 거리는 5000년을 넘는다. 같은 구석기 유적이라도 좀 더 들어가 보면 다른 구석이 보인다. 좌동 유적은 석영으로 만든 석기가 우세한 편이다. 중동 유적에선 그보다 작고 세밀한 좀돌날이 다수 출토됐다. 좀돌날이 더 후대의 석기 제작 기술 산물이란 점을 고려하면 좌동 유적이 중동 유적보다 시기가 더 올라간다. 한달음에 달려갈 만큼 가까운 거리지만, 두 곳에 살던 구석기인들은 평생 만날 일이 없었다. 만남은커녕 단군 할아버지와 지금 우리만큼이나 아득한 관계다. 지구의 표면을 조금만 벗겨내면 시간과 공간의 묘한 엇갈림이 곳곳에서 목격된다. 부산도 당연히 예외는 아니다.

해운대 중동 구석기 유적 출토 유물

[역사를 바꾼 최근 10여 년 발굴 성과]

시간은 상대적이다. '신문화지리지 시즌1 2009'에서 발굴 유적을 다룬 이후 최근 10여 년의 변화가 구석기시대 5000년의 변화보다 훨씬 더 크고 급격하다. 그 10여 년 동안 신석기시대 공동묘지부터 조선시대 염전까지 새로운 자료들이 땅 위로 모습을 드러냈다. 문헌의 빈자리를 메우는 고고학적 자료이거나 문헌 기록을 뒷받침하는 생생한 증거 자료들이다.

경주에서나 봄 직한 고총고분 10기가 일렬로 배치된 연산동 고분군은 부산박물관의 발굴 작업을 거쳐 그 가치가 제대로 매겨졌다. 8기가 추가 발굴되면서 고총고분은 모두 18기로 늘어났다. 고대 토목 기술의 보고라고 할 축조 기법도 하나둘 밝혀졌다. 높이 4m 넘는 거대한 봉분이 수십t에 달하는 엄청난 토압을 견디고 1500년 이상 살아남은 건 요행이 아니었다. 운이 아니라 치밀한 기획 덕분이었다. 삼각형 흙둑, 점토 뭉쳐 쌓기, 연약지반 치환공법 등 독창적인 토목 기술의 흔적이 발굴조사를 통해 확인됐다. 연산동 고분군은 그 가치를 인정받아 부산시기념물에서 국가사적으로 승격했다. 연산동 고분군에 이웃한 배산성지 발굴 성과도 빛났다. 토성으로 알려진 것과 달리 발굴 조사 결과 석축 산성임이 확인됐다. 지름 16~18m 두 개의 거대한 원형 집수지에선 곡물 거래 명세가 정리된 목간과 대나무 발이 출토됐다.

에코델타시티 공사가 한창인 강서구 명지도 수봉도 마을에선 우리나라에서 처음으로 조선시대 염전이 발굴됐다. 연속된 고랑 형태로 만든 염전을 비롯해 수로, 소금가마 아궁이와 소금창고 건물터까지 염전을 구성하는 주요 시설이 발굴 조사를 통해 드러났다. 바닷물을 끓여서 소금을 만드는 자염 煮鹽 생산 시설이다. 문헌으로만 전해오던 명지 염전의 실체를 확인한 중요한 성과였다.

연산동 고분 발굴 현장

연산동 고분

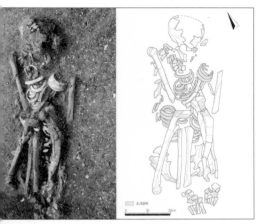

가덕도 장항 유적 인골

가덕도 천성진성에선 남해안 수군진성 최대 규모의 계단지와 객사, 축성 시기를 증명할 명문 기와들이 조사됐다. 부산포해전을 승리로 이끈 이순신 장군이 교두보로 삼은 곳이 천성진성이다. 부산서 유일한 이순신 장군 관련 유적이란 점에서 의미가 남다르다.

부산신항 준설토 투기장인 가덕도 장항 유적에선 신석기시대 인골 48기가 확인됐다. 그전까지 확인된 한반도 신석기시대 인골을 끌어모아도 30기를 넘지 않았던 데 비춰 보면 가히 신석기시대 최대 공동묘지라 할 만하다. 조개팔찌를 양팔에 끼고 가슴에 미완성 피조개를 배열한 40대 남녀의 인골부터 사후경직 뒤 뻣뻣하게 굳은 몸을 구태여 굽혀서 묻은 굴장을 비롯한 다양한 매장 방식까지, 알려지지 않았던 고고학적 자료가 무더기로 세상에 드러났다. 신분 차별은 있었어도 남녀 차별이 없던 신석기시대 사회상도 매장 방식을 통해 유추할 수 있었다.

천성진성 5차 발굴 계단지

[땅에 묻힌 죽음과 삶의 이중주]

그저 먹먹해지는 죽음의 현장이 있다. 부산도시철도 4호선 수안동정거장 공사 현장에서 조사된 동래읍성 해자가 그랬다. 읍성 주위에 둘러 판 방어시설인 해자는 임진왜란 당시 동래성 사람의 거대한 공동묘지로 변했다. 폭 4~5m의 해자에 박힌 뾰족한 말뚝 사이로 무기와 함께 유골이 아무렇게나 버려져 있었다. 조총에 맞아 구멍이 나고, 칼에 베인 흔적이 역력한 어린아이와 여성의 두개골은 참혹한 살육과 도륙의 현장을 말없이 증명했다.

동래읍성 해자 복원

동래읍성 해자 발굴 현장

동래읍성 하수관거

동래읍성 해자에서 1km도 채 떨어지지 않은 복천동 고분군에선 일본보다 앞선 갑주가 무더기로 나와 임나일본부 논리를 단박에 뒤엎었다. 그중 눈에 띈 유물이 10호 무덤에서 나온 말머리가리개다. 말에게도 투구와 갑옷을 입히고 보호장비를 갖춘 채 전쟁에 나섰음을 짐작하게 하는 유물이다. 1호 무덤에선 가야인들이 흙으로 빚은 말 모양 뿔잔도 나왔다. 주둥이를 약간 벌리고 웃음기 밴 한 쌍의 말머리장식뿔잔은 부산서 출토된 유물 중 유일하게 보물로 지정됐다. 쇠로 만든 말머리가리개와 흙으로 빚은 말머리장식뿔잔은 전쟁터를 누비던 기마민족의 삶과 죽음을 떠올리게 한다.

복천동 고분 출토 철제갑옷

복천동 고분 출토 말머리장식뿔잔

동래읍성 해자 출토 찰갑

묻혀 있던 삶의 공간도 세상에 전모를 드러냈다. 정관신도시가 들어선 가동 유적엔 집터 150동과 고상창고 75동을 포함해

가동 집모양 토기

동삼동 패총 출토 조개팔찌

삼국시대 번창했던 큰 마을이 묻혀 있었다. 이곳에선 온돌과 부엌이 딸린 집터와 건축 부자재, 234mm 나무 신발, 빨랫방망이, 떡시루까지 나왔다. 아궁이엔 탄화곡물까지 남아 있었다. 화려하지 않지만 소박한 일상을 엿볼 수 있는 유물이 쏟아졌다. 당시 마을 뒷산에 쓴 무덤에선 신전을 닮은 집 모양 토기가 나왔다. 가동 유적 발굴은 국내 유일의 삼국시대 생활사 박물관인 정관박물관 개관으로 이어졌다.

마을 유적은 곳곳에서 확인됐다. 망미동 부산지방병무청 자리 동래고읍성 우물엔 두레박과 표주박 바가지, 복숭아씨가 세월의 흐름이 무색하게 온전한 형태로 남아 있었다. 온천장 금강공원 시민체육센터에선 삼한시대 이중환호가 부산서 처음 조사됐다. 두 줄의 큰 도랑을 파서 마을 공동체의 특별한 의례 공간을 구분한 흔적이다. 기장 고촌휴먼시아1단지아파트가 들어선 고촌리 유적에선 칠기와 골각기, 목기를 만들던 삼국시대 전문 수공업자들의 공방 마을이 모습을 드러냈다.

동래고읍성 출토 나무 두레박

['작지만 큰' 깨진 조각]

가장 오래된 수공업 집단의 존재는 신석기시대 유적 교과서이자 해양수도 부산의 역사가 시작된 영도 동삼동 패총에서 짐작할 수 있다. 1500점이 넘는 조개팔찌를, 그것도 40배 고배율로 확대해도 다듬은 흔적을 찾지 못 할 정도로 초정밀 작업해 일본까지 수출했던 장인들의 유적이다. 26점이 나온 통영 상노대도 유적이 그때까지 가장 많은 조개팔찌가 출토된 유적임을 안다면 동삼동 패총서 나온 조개팔찌의 수량이 얼마나 많은지 짐작할 수 있다. 먹고살기에도 빠듯했을 거라는 선입견과 달리 대리석 질감의 반질반질한 장신구를 전문적으

용당동 유적 출토 소조불두

로 제작한 집단이 5000년 전에 존재했다는 것만으로도 경이롭다. 동삼동 패총 유물을 정리하다 뒤늦게 찾은 작은 토기 조각 한 점에서도 역사를 만날 수 있다. 가로 12.9cm 세로 8.7cm 사슴선각문토기다. 크로키를 하듯 특징만 잡아 사슴 두 마리를 그린 토기편은 한국 회화사의 기원을 새로 쓰게 한, 미술사적 가치를 지녔다. 반구대 암각화에 새겨진 사슴 그림과 양식적 특징이 다르지 않아, 반구대 암각화 조성 시기를 신석기시대까지 올려볼 유력한 단서이기도 하다.

동삼동 패총 사슴선각문토기편(위)과 모사

신대연코오롱하늘채아파트가 들어선 남구 용당동에선 가로·세로 7.1cm×6.4cm 손바닥만 한 점토로 만든 불두가 출토됐다. 부산에선 처음 확인된 출토 불상이었다. 신라 천 년 미소인 '웃는 기와'처럼 은은한 미소가 인상적인 고려시대 소조불두다. 만덕동사지 기비사 에선 깨진 치미가 출토됐다. 남아 있는 일부만 봐도 높이 51.5cm 폭 98cm로, 동양 최대 규모라는 경주 황룡사지 치미 높이 186cm 폭 88cm에 맞먹는다. 용마루 끝에 올린 치미의 크기로 어림잡아도 대단한 건물이었음을 짐작할 수 있다. 고려시대 변방이었던 부산에서 지역 호족의 대단한 위세를 가늠할 또 다른 증거는 부산북구문화빙상센터 부지에서 출토된 청자상감국화문마상배를 비롯한 최고급 청자들이다.

명례일반산업단지가 들어선 기장 하장안 유적에선 12cm

만덕동사지 출토 치미

크기 한글 새김 분청사기 조각이 발견됐다. '라랴러려로료루…뎌도됴두' 식으로 마치 장인이 글씨 연습을 한 듯 새겼다. 깨진 조각만 남았지만 16세기 조선 동남쪽 끄트머리인 기장지역까지 반포 반세기 만에 한글이 보급됐음을 증명하는 중요한 자료다. 깨진 조각 하나가 문헌의 비어 있던 퍼즐을 메워준 셈이다. 하장안 유적 인근 상장안 요지에선 백자 염주와 염주를 구울 때 받친 염주 도지미도 함께 나왔다.

하장안 5호 가마 출토
한글새김 분청사기 대접 조각

[기억이 사라지는 도시]

삼국시대 주거지, 고분, 제사 유적이 구릉마다 엄격하게 나눠 조성됐던 기장 청강·대라리 유적은 발굴하기 전부터 없어지기로 운명이 정해져 있었다. 제일 높은 구릉 정상을 둘러싼 6겹의 나무울타리와 대형 제사 건물터 흔적은 부산울산고속도로 공사에 날아갔다. 발굴 조사에 들어가기 전에 이미 기장 터널이 뚫려 있었고, 발굴 현장 바로 앞까지 교각이 세워져 있었다. 유적을 보호하고 길을 돌리기엔 너무 늦었다. 한때 신성한 제의의 공간은 정관박물관 야외전시장에 재현한 유적으로 그 자취를 더듬어 볼 뿐이다.

상장안 유적 출토 백자 염주

상장안 유적 출토 염주 도지미

청강·대라리 제사 유적 복원

청강·대라리 제사 유적

청강·대라리 발굴 현장

발굴 현장과 공사 현장은 뒤섞여 있었다. 청동기시대 무덤 18기가 나온 온천2구역은 동래 래미안아이파크아파트 신축엔 눈엣가시였다. 기장읍성 동문 쪽에 터를 잡은 기장초등학교에선 조선시대 곡물창고로 추정되는 건물터가 확인됐지만, 학습권에 밀려 더 조사하지 못하고 어정쩡하게 발굴을 마무리할 수밖에 없었다.

온천2구역 토기

발굴과 공사가 뒤섞이는 결정적인 공간은 동래읍성 주변이다. 이곳에선 신라 고도 경주처럼 파면 유물이 나오곤 한다. 독로국까지 거슬러 올라가면 2000년가량 부산의 중심이었으니 그럴만했다. 동래읍성 남문터에서 만세거리까지 240m 남짓한 도로는 땅 꺼짐 때문에 조사에 들어갔다가 그때까지도 여전히 사용하고 있던 조선시대 하수관거를 발견하기도 했다.

낙민동 동래읍성 웰스플러스아파트 강화유리 아래 석축

보존과 개발이라는 익숙한 대결 구도에서 패자는 대부분 보존 쪽이었다. 설사 보존으로 결정되더라도 온전한 형식은 아니었다. 전기 동래읍성 석축이 확인된 공동주택 부지 2곳은 유적을 보존하면서 공사를 하는 절충을 택했다. 유적은 보존했지만, 그 흔적은 다시 땅에 묻었다. 전기 동래읍성 서문과 북문 사이 성벽이 처음으로 확인된 웰스플러스아파트 주차장엔 2003년 석축을 볼 수 있게 강화 유리판을 깔았다가 2021년 이런저런 이유로 아스팔트로 덮었다. 전기 동래읍성 동남쪽 성벽과 수문이 확인된 부일스톤캐슬아파트는 석축을 피해 엘리베이터실 설계를 바꿔 건물을 올렸다. 석축은 건물 아래 묻혔다. 동래읍성 터라는 커다란 간판이 아파트 이름과 함께 벽에 붙어 동래읍성이 지나던 곳임을 알려줄 뿐이다. 동래읍성 해자가 발굴된 도시철도 수안동정거장도 바닥에 두 개의 선만 그어 이곳이 해자가 지나던 곳임을 담담하게 알려준다. 발굴된 동래읍성 유적들은 바닥에, 벽면에, 추상적인 선과 글자로 남았다.

부일스톤캐슬아파트

후기 동래읍성 서문과 암문 사이 성벽 바로 안쪽에 자리한 동래구신청사 건립 부지에서도 유적이 확인돼 건립과 보존 사이 설왕설래가 있었다. 결국 신축 건물 지하 1층에 동래

생활유적전시관을 만들어 이전 복원하는 것으로 결론이 났다. 유구를 그대로 떠서 옮긴다지만 건물 신축에 맞춰 축이 틀어질 수밖에 없다. 말이 이전 복원이지 사실상 유적 파괴를 허용하는 선례가 될 수 있다. 현장에선 이미 지하 4층 깊이까지 공사가 진행 중이다.

기억을 담은 공간을 만들고도 짓고 난 뒤엔 관심에서 멀어지는 경우도 한두 번 아니다. 짓는 것으로 할 바를 다했다는 생각이 깔려 있다. 발굴 현장에 유적을 재현한 박물관이 들어선 국내 첫 사례로 높이 평가했던 복천박물관은 개관 30년이 다 되도록 리모델링을 못 해 다른 의미에서 박물관 자체가 낡은 유물이 되고 있다.

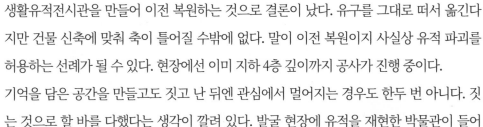

신석기시대 인골이 무더기로 나온 가덕도 장항유적 자리엔 가덕도 유적 홍보공원이 조성돼 있다. 홍보공원엔 무릎까지 풀이 잔뜩 자라 접근하기조차 쉽지 않다. 음식을 요리하던 시설물인 돌무지는 풀에 가려 보이지 않았다. 기껏 만들고도 방치되는 게 어디 이곳뿐일까 싶다.

개발의 욕망은 좌절하는 법을 모른다. 하루가 멀다고 달라지는 도시의 풍경에 아파트 아래, 도로 아래, 공단 아래, 역사의 퇴적물이 가뭇없이 잊히고 있다.

동래구신청사 공사 현장

동래구신청사 발굴 현장

가덕도 장항 유적 홍보공원

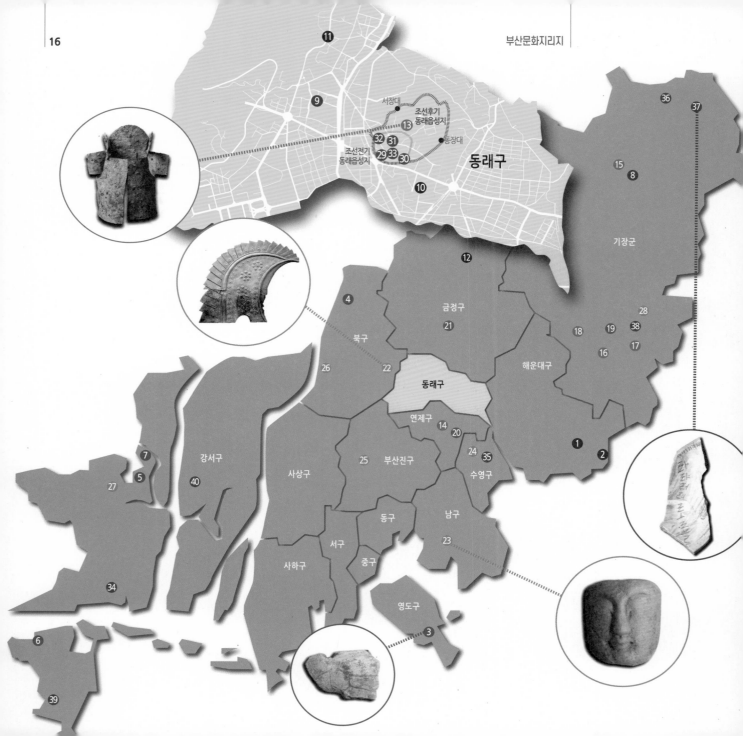

11

9

서장대
조선후기
동래읍성지
13
32 31
조선전기
동래읍성지
29 33
30
동장대

동래구

36

37

15
8

기장군

12

금정구
21

북구

26

22

동래구

연제구

해운대구

18
19 38
16 17

28

강서구

7

5

사상구

14
20

25 부산진구

24
35
수영구

1

2

27

40

동구

남구

34

서구

중구

23

사하구

6

영도구

3

39

시기		유적	특징	주소	현상황
구석기 시대	1	해운대 중동·좌동 구석기 유적	부산서 발굴된 첫 구석기시대 유적	해운대구 좌동 1298번지, 1286번지	건영2차아파트, 대림2차아파트
	2	청사포 유적	부산서 확인된 첫 구석기시대 유적	해운대구 중동 510-1	청사포횟집촌 부근 언덕
신석기 시대	3	동삼동패총	우리나라 신석기시대 교과서적 유적	영도구 동삼동 750-4번지 일원	동삼동패총전시관/사적
	4	금곡동 율리패총	한반도에서 드문 바위그늘 주거와 패총 복합유적	북구 금곡동 산24번지	현지 보존
	5	범방패총·범방 유적	신석기시대 해수면 변동 증거를 확보한 유적	강서구 범방동 1833번지 일원	부산경남경마공원/부산시기념물
	6	가덕도 장항 유적	신석기시대 최대 공동묘지	강서구 성북동 1194-2번지	부산신항 준설토 투기장
	7	수가리패총	남부지역 신석기 편년의 기준 유적	강서구 범방동 1545-1번지	남해고속도로지선 냉정~부산 도로확장 3공구
청동기 시대	8	방곡리 유적	부산서 드문 청동기시대 전기 취락 유적	기장군 정관면 방곡리 403번지 일원	정관 가화만사성 더 테라스
	9	온천2구역 유적	청동기시대 지역 중심집단 무덤	동래 온천동 810번지 일원	동래 래미안아이파크아파트
삼한 시대	10	동래패총	삼한·삼국시대 중심 지배집단의 생활 근거지	동래구 낙민동 100-18번지 일원, 127-4번지	동래구 임시청사 건립부지, 부산종합사회복지센터
	11	동래 온천동 유적	삼한시대 이중 환호·목관묘군	동래구 온천동 산 38-2번지 일원	금강공원 시민체육공원
	12	노포동고분군	3세기대 고대국가 이전 단계 무덤군	금정구 노포동 142-1번지	부산시기념물
삼국 시대	13	복천동고분군	부산 대표 가야 고분군	동래구 복천동 산50번지	복천박물관/사적
	14	연산동고분군	고대 토목 기술의 보고	연제구 연산동 산90-4번지 산90-7번지 일원	사적
	15	기장 가동 유적	삼국시대 대규모 마을 유적	기장군 정관면 용수리 1275번지	정관 어울어린이공원 일대
	16	기장 청강·대라리 유적	삼국시대 제사·무덤·취락의 복합 유적	기장군 기장읍 대라리 산41-2번지 일원	부산울산고속도로
	17	청강리고분군	기호토기 출토된 6~7세기 무덤	기장군 기장읍 청강리 711번지	대청중학교
	18	기장 고촌리 생산 유적	삼한·삼국시대 칠기·목기·골각기 생산 집단 유적	기장군 철마면 고촌리 615번지	고촌휴시아1단지아파트
통일 신라 시대	19	기장산성	기장 지역 대표 배후산성	기장군 기장읍 대라리 산 20-2번지 일원	부산시기념물
	20	배산성지	원형 집수지서 부산 최초 목간 출토된 석축산성	연제구 연산동 산61번지 일원	부산시기념물
	21	구서동 토기가마 유적	통일신라시대 토기가마터	금정구 구서동 1074번지	구서 SK뷰1단지아파트
고려 시대	22	만덕동사지	고려~조선 전기까지 존속했던 대사찰, 기비사	북구 만덕동 30번지 일원	부산시기념물
	23	용당동 유적	바다신에 제사 지내던 절터. 소조불두 출토	남구 용당동 599-1번지 일원	신대연코오롱하늘채아파트
	24	동래고읍성지	고려시대 동래현의 치소	수영구 망미동 640-5·7·17번지 일원, 693-1번지, 640-14번지	부산지방병무청, 더샵파크리치아파트, 망미1동 행정복지센터
	25	당감동성지	고려시대 동평현의 치소	부산진구 당감동 665번지 일원, 1023번지 일원	태우선파크맨션 앞 도로, 한울트라움아파트
	26	덕천동 유적	구포지역 지방호족들의 무덤	북구 덕천동 434번지 일원	부산북구문화빙상센터
	27	녹산동 청자가마터	생활청자 생산가마	강서구 미음동 1566-2번지	미음산단 와아시피·파나시아 공장
	28	기장고읍성	고려시대 기장현의 치소	기장군 기장읍 교리 170번지 일원, 235번지	기장교리주공아파트, 빛뜰꿈 종합사회복지관
조선 시대	29	동래읍성 해자	임진왜란 당시 동래성 전투의 격전지	동래구 수안동 204-1번지 일대	도시철도 4호선 수안정거장
	30	낙민동 주상복합시설 신축부지 내 유적	전기 동래읍성	동래구 낙민동 265번지	부일스톤캐슬아파트
	31	복천동 공동주택부지 내 유적	전기 동래읍성	동래구 복천동 282번지	웰스플러스아파트
	32	동래구신청사 건립부지 내 유적	후기 동래읍성	동래구 복천동 381번지 일대	동래구신청사 건립 부지
	33	동래읍성 하수관거 유적	조선시대 하수관거	동래구 수안동 183-2번지 일대	동래읍성 남문터~동래만세사거리
	34	금단곶보성지	왜선 감시용 보성(堡城)	강서구 녹산동 1254-10번지 일원	진해~녹산 국도2호선 우회해 현지 보존
	35	경상좌수영성지	경상좌도수군절도사가 주재한 해안 방어 성곽	수영구 수영동 229번지	부산시기념물
	36	기장 상장안 요지	분청사기 생산지, 백자 염주와 염주 도지미 출토	기장군 장안읍 장안리 산48-1, 48-5번지 일원	현지 보존
	37	기장 하장안 유적	한글새김 분청사기 출토	기장군 기장읍 명례리 216번지 일원	명례일반산업단지
	38	기장읍성	연해방어를 위해 축성한 기장지역 치소	기장읍 동부리 320번지	기장초등학교 증개축/부산시기념물
	39	가덕도 천성진성	부산 유일 이순신 장군 관련 유적	강서구 천성동 1613, 1614, 1615, 1068-1번지, 1060-1번지 일원	부산시기념물
	40	명지도 염전 유적	국내 첫 발굴된 조선시대 염전 유적	강서구 강동동 4310번지 수봉도마을 일원	에코델타시티 2단계 2공구 23블록

화수분 같은 도시,
문학 속 부산은
'또 하나의 등장인물'

글 / 윤여진

물금취수장과 매리취수장 일대 상공에서 바라본 낙동강

문학작품 속에서 다양한 얼굴로 변주되는 부산. 왜 하필 부산일까. "산과 바다, 강에 역사까지 두루 갖춘 도시는 흔치 않다."는 배길남 소설가의 말처럼, 부산은 한국 근현대사의 질곡을 관통한 역사적 배경을 아우르며 '문학적 활용도가 높은 장소'이기 때문이다. '신문화지리지 시즌1 2009' 이후 10여 년간 문학작품에 등장하는 부산은 잠시 머무르거나 스치듯 지나쳐버리는 공간이 아닌, 일상이 녹아든 삶의 현장이었다.

[여전히 사랑받는 곳 '원도심']

식민지 근대 부산의 중심이자 피란수도 부산으로 대변되는 원도심은 여전히 뜨거운 사랑을 받는 장소였다.

전쟁을 관통했던 작가들의 시선은 전쟁의 참혹함과 인간성 파괴의 현장을 증언하는 데 초점이 맞춰져 있었다. "전후 새로운 정치·사회구조 변동의 현장이었으며, 인간 존재의 고귀함을 발견하는 증언 공간"이라고 조갑상 소설가가 평했듯, 전쟁을 관통했던 작가들의 시선은 전쟁의 참혹함과 인간성 파괴에 초점이 맞춰져 있었다.

전쟁이 한창이던 1951년
밀다원 앞에서 한 병사가 포즈를 취하고 있다

"짧은 시간, 많은 작가가 한정된 장소에 모여 부대끼며 살았던 체험을 토대로 작품을 생산했다는 사실 자체가 특이한 문학사적 현상"이라고 말한 조 소설가는 《이야기를 건다》를 통해 피란수도 부산을 공간적으로 가장 구체적이면서도 폭넓게 다룬 작품으로 이호철의 《소시민》을 꼽았다. 작가가 실제로 전쟁 중 피란 와 일한 경험을 토대로 자갈치, 광복동, 부두, 제면소 등을 상당히 구체적으로 묘사하고 있기 때문이다. 적 치하 서울을 배경으로 염상섭이 일군 일종의 한국전쟁 3부작 《취우》를 비롯해 《새울림》 《지평선》을 두고 놓치지 말아야 할 작품으로 꼽았다. 미국 패권주의를 위해 펼쳐지는 부흥과 재건이 시작된 부산의 장소성이 두드러진다는 것이다. 이들 작품에서는 전쟁 당시 활황이었던 남포동 다방 거리가 세세히 묘사되고 있다.

이순욱 부산대 국어교육과 교수 등 연구진은 《피란수도 부산의 문학풍경》을 통해 시대정신을 대변하는 요산 김정한의 단편 〈병원에서는〉을 발굴했다. 요산이 전쟁 중 《부산일보》를 통해 발표한 유일한 소설인 이 작품에서는 오늘날 롯데백화점 광복점이 들어선 제5 육군병원이 등장한다. 연구진은 단편을 두고 "전시 상황에서 작가의 이념적 선명성을 뚜렷하게 부각시킨 작품"으로 평했다.

후세대 작가들은 피란수도라는 과거를 딛고 현재진행형의 역사와 삶이 있는 부산을 읽어냈다. 조갑상의 장

동래읍성

편 《밤의 눈》은 부마민주항쟁의 시작점인 남포동을 불러낸다. 6·25 전쟁부터 5·16, 부마민주항쟁까지 한국 현대사를 되살리며 민간인 학살의 참상은 물론 살아 남은 이들의 아픔을 그려낸 수작이다. 정영선의 장편 《실로 만든 달》에서 부산은 한수영 평론가의 언급처럼 '또 하나의 등장인물'이다. 85년의 시공이 교차하는 이 작품에서 왜관을 중심으로 일제강점기 조성된 원도심과 전통적인 부산으로 꼽히는 동래읍성이 지닌 역사성은 주인공들의 이야기만큼이나 흥미롭다. 박솔뫼의 중편 《인터내셔널의 밤》에서 부산은 전성욱 평론가가 말했듯 "주인공들이 사회적 억압을 뚫고 연대와 결속을 이루는 장소"로 쓰인다. 임회숙의 소설집 《산복도로의 꿈》은 감천문화마을이라는 공간을 집중적으로 드러내면서 가난한 이들의 삶에 초점을 맞추고 있다. 드라마로 제작돼 세계적으로 큰 반향을 일으킨 재미교포 이민진의 《파친코》에서는 주인공 가족들의 지난한 삶이 녹아든 영도가 등장한다.

금정산 전경

[부산 지역성·역사성에 주목]

부산을 배경으로 한 단편소설을 소설집으로 엮거나 여러 명의 작가가 협업한 부산 소설집이 잇따라 나온 것도 눈에 띄는 변화다. 부산이 관광도시로 변모하면서 부산에 관한 관심이 높아지자 장소에 대한 문학적 접근 역시 활발하게 요구된 덕분이다.

오선영의 소설집《호텔 해운대》는 부산 곳곳을 공간적 배경으로 하되 청년 실업, 지역 소외 등 다양한 주제 의식을 녹여냈다. 5명의 작가가 각자의 이야기를 풀어낸 소설집《안으며 업힌》은 아예 초량 일대로 지역의 범위를 더욱 좁히고 사운드트랙을 소설집 안에 수록하는 색다른 시도를 펼쳤다.

시도 마찬가지다. 금정산을 노래한 유병근은 물론 산복도로 시집을 통해 애환을 담아낸 강영환 시인이 있으며, 최영철의《금정산을 보냈다》는 시집으로서는 이례적으로 2015년 원북원부산 도서에 선정됐다. 독자들 역시 지역성을 놓치지 않고 있다는 방증이다.

기장군을 다룬 문학작품이 꽤 늘었다는 것도 특이한 점이다. 기장군은 지난 1995년 뒤늦게 부산으로 편입된 탓에 초반엔 작품이 그리 많이 발굴되지 않았지만, 최근 10여 년 새 작품이 크게 늘었다. '부산 내 실향민' 이해웅은 고리원자력발전소가 들어서면서 사라진 고향 기장군 고리에 관한 시를 묶은 시집《파도 속에 묻힌 고향》을 작고하기 3년 전 내놨다. 김영준의 〈대변항〉, 이기록의 〈월내〉, 박진규의 〈달음산〉 등에서도 기장군 구석구석이 등장한다. 소설 중에는 고리원자력발전소 사고를 정면으로 다룬 박솔뫼의 단편 〈겨울의 눈빛〉이 눈에 띈다. 고리원자력발전소 사고를 정면으로 다룬 가상의 역사소설이 지역 작가가 아닌 외부 작가의 시선으로 쓰였다는 게 주목할 만하다.

《달맞이언덕의 안개》 등 다양한 작품에서 해운대를 불러낸 김성종도 있다. 한국 추리문학 대표주자인 그는 사재 20억 원을 털어 1992년 부산 해운대 달맞이언덕에 '추리문학관'을 연 이래 30년이 넘는 지금까지 제자리를 지키고 있다.

이 밖에도 황령산(서진의 장편 《하트브레이크 호텔》), 미포(안민의 시 〈미포〉), 유엔기념공원(조향미의 시 〈유엔공원에서 작은 우물을 생각하다〉), 국도예술관(정안나의 시 〈국도예술관의 올빼미들〉) 등 부산 곳곳의 장소가 작품 전면에 등장한다.

2017년 유네스코 세계기록유산 등재에 성공한 '조선통신사'에 주목해 부산의 옛 공간을 되살린 소설도 나왔다. 시인 강남주의 첫 장편 《유마도》는 동래의 화가 변박을 통해 옛 부산을 불러냈으며, 김탁환의 장편 《이토록 고고한 연예》에서는 연암 박지원의 《광문자전》 주인공이기도 한 실존 인물 달문이 조선통신사 일원으로 부산포를 찾는 장면이 나온다.

부산을 담아낸 동화도 제법 늘었다. 근대 아동문학의 근간을 마련한 것으로 평가받는 향파 이주홍의 《못나도 울 엄마》, 한국전쟁 이후 발간된 손동인의 동화집 《꽃수레》가 대표적이다. 만화영화로도 제작돼 인기를 끌었던 배익천의 《꿀벌의 친구》 역시 부산을 배경으로 한다.

한 방송사 어린이 드라마로도 제작되면서 큰 관심을 모았던 한정기의 《플루토 비밀결사대》는 기장군 대변항을 주 무대로 한다. 안덕자·박미경·양경화·김정애·현정란의 《인물로 만나는 부산정신》은 부산의 대표적인 독립운동가 박재혁·박차정·안희제·이종률·최천택 선생을 부산 곳곳에서 살려냈다. 배유안·김나월·이자경·곽수아·박미라가 힘을 합친 시리즈 《오만데 삼총사》는 오륙도, 이기대 등 부산 전역을 배경으로 픽션과 역사를 넘나든다.

[부산 강·바다는 문학의 원천]

조명희의 《낙동강》 이후 한국 문학사의 중요 공간으로 자리매김한 낙동강은 그야말로 문학의 원천이었다. 구모룡 평론가가 총괄을 맡은 연구서 《서부산 낙동강 문학 지도》는 김정한을 비롯한 이문

부산 북구 화명대교 인근 낙동강 전경

열, 조세희, 강인수, 최해군, 유치환, 강은교, 허만하, 유병근, 김형술, 서태수 등 많은 문인들이 낙동강에서 작품을 벼리어냈음을 알린다. 비극적인 민족의 역사 공간(김용호의 장시 〈낙동강〉), 재난의 장소이자 미래를 발굴하고 세계를 다르게 시작할 수 있는 장소(김정한의 단편 〈슬픈 해후〉 등), 소금 뱃길로서 지속과 변화의 공간(강인수의 장편 《낙동강》), 난개발로 신음하는 강에 대한 미안함과 고마움 (박정애의 시집 《엄마야, 어무이요, 오, 낙동강아!》) 모두 낙동강에서 비롯된 것이다.

유네스코 세계문화유산 잠정목록 등재를 확정지은 '한국전쟁기 피란수도 부산 유산'의 핵심 장소로 꼽히는 부산항 제1부두도 빼놓을 수 없는 장소다. 논문을 통해 "해항도시라는 부산의 정체성은 부산항이라는 역사적인 '장소'를 통해서 구축됐다."고 한 전성욱 평론가는 윤정규와 윤진상의 소설을 두고 "부산항을 배경으로 밀수와 밀항, 그리고 항구와 관련한 노동과 인근 매축지 빈민들의 삶을 다

부산항 제1부두

룬 두 작가의 작품들은 1960년대 이후 본격화된 개발 근대화의 이면과 그 진상을 되돌아볼 수 있다
는 점에서 소중하다."고 밝혔다.

해양문학은 부산에서 출발했다고 해도 과언이 아니다. 구모룡 평론가는《부산일보》칼럼에서 "해방
은 해양의 해방이고 근대화는 해양화라는 등식이 그 어느 지역보다 확연한 도시가 부산이다. 상선
을 타고 어선에 종사한 이들이 써내는 해양문학의 전통도 부산만의 자산이다."라고 밝혔다. 관부연
락선이 오가던 해협이 전부였던 소설 속 바다는 산업화 과정을 거치면서 태평양은 물론 인도양, 대
서양으로까지 뻗어갔다. 천금성의 소설, 김성식의 시가 등장하면서 시작된 해양문학은 김종찬, 장
세진, 문성수, 옥태권, 이윤길에 이르기까지 부산을 중심으로 해양문학의 맥이 꾸준히 이어지고 있
다. 하지만 체험의 구체성을 놓고 벌어지는 해양문학에 대한 논쟁은 여전히 현재진행형이다.

한때 부산을 이뤘던 장소들, 이를테면 밀다원 다방으로 대변되는 남포동 다방 거리(김동리의 단편

문현동 돌산마을 철거 전(위)과 그 이후 모습

〈밀다원 시대〉), 100년 역사의 남선창고(조갑상의 장편 《누군들 잊히지 못하는 곳이 없으랴》), 1970년대 초 논밭 일색이던 구포 일대(김현의 장편 《봄날의 화원》), 돌산마을(나여경의 단편 〈어둠의 방〉) 등은 개발에 밀려 흔적 없이 사라져 버렸다. 하지만 문학 속에 남은 지역성과 역사성은 여전히 생동감 넘친다.

부산 문단과 문학에 관한 연구가 잇따른 점도 주목할 만하다. 요산과 함께 지역을 지킨 부산 문단의 파수꾼이자 참지식인 향파 이주홍의 《부산문단사》, 신진 평론가 양성과 작가 멘토 역할을 자임한 김중하의 《문학》, 소설가이자 향토 사학자, 시민운동가로 부산을 천착해온 최해군의 《작가 최해군의 문단 이야기》 등이다. 낙동강을 중심으로 다양한 작품을 발굴한 《서부산 낙동강 문학 지도》, 피란수도 부산의 힘겨웠던 시절에도 문학의 열정을 담아 발간된 문학 잡지를 총망라한 《피란수도 부산의 문학풍경》, 부산서 활동한 여성작가를 일목요연하게 정리한 《부산여성문학사》는 지역 문단을 더욱 풍성하게 했다. 《의인 윤정규의 아카이빙 구축을 위한 자료수집 및 기초연구》, 《고석규 평전》 등 부산 문학인을 집중 조명한 책도 주목할 만하다.

이처럼 부산이 문학의 배경으로 적극적으로 활용되는 것을 두고 구모룡 평론가는 "탈근대로 넘어오면서 장소를 찾아 쓰려는 경향이 뚜렷해지고 로컬이 더욱 중요해졌다. 문제의식을 가지고 부산의 구체성을 살린다면 세계에서 주목받을 수 있다."고 언급했다. 지역을 주목하는 것 자체는 고무적이지만 문학성을 담보해야 한다는 주문도 이어졌다. 강희철 평론가는 "지역성을 찾기 위해 많은 작가들의 글이 동원되지만, 문학이 그저 소비되는 데 그친다. 지역과 문학이 함께 발전해야 한다."고 말했다.

		원도심(동·중·서·영도구)	
1	이인직 소설	귀의 성(1907)	초량동
2	이인직 소설	혈의 누(1907)	롯데백화점 광복점 뒤쪽 항구
3	방인근 소설	마도의 향불(1932~1933)	봉래동
4	김정한 소설	병원에서는(1951)	롯데백화점 광복점 (옛 제5육군병원)
5	황순원 소설	곡예사(1952)	국제시장
6	염상섭 소설	취우(1953)·새울림(1954)·지평선(1955)	광복동
7	안수길 소설	제3인간형(1953)	현 송도 남부민방파제 대림아파트
8	김정한 소설	사라진 사나이(1954)	광복동
9	김동리 소설	밀다원 시대(1955)	광복동
10	최해군 소설	사랑의 폐허에서(1962)	초량동
11	서정인 소설	물결이 높던 날(1963)	송도 바다
12	이호철 소설	소시민(1964~1965)	충무동 (피란수도 부산 공간)
13	김은국 소설	순교자(1964)	청학동
14	박경리 소설	파시(1965)	남포동
15	이주홍 소설	해변(1967)	남부민방파제
16	최인훈 소설	하늘의 다리(1970)	송도 해수욕장
17	황석영 소설	낙타누깔(1972)	텍사스촌
18	조해일 소설	내 친구 해적(1973)	영도다리
19	윤진상 소설	누항도(1973)	영도다리
20	이병주 소설	예낭 풍물지(1974)	부평시장
21	윤정규 소설	불타는 화염(1979)	영주동
22	조갑상 소설	은경동 86번지(1984)	수정동
23	강인수 소설	황홀한 방황(1985)	남포동
24	윤정규 소설	우리들의 황제(1986)	남포동
25	윤진상 소설	구멍 속의 햇볕(1987)	영도다리
26	김곰치 소설	엄마와 함께 칼국수를(1999)	부산진역
27	천운영 소설	눈보라콘(2001)	신선동
28	조갑상 소설	누구나 평행선 너머의 사랑을 꿈꾼다(2003)	남부민동
29	정우련 소설	숲에서 나오니 숲이 보이네(2003)	태종대
30	이상섭 소설	그곳에는 눈물들이 모인다(2006)	자갈치 시장
31	조갑상 소설	누군들 잊지 못하는 곳이 없으랴(2009)	초량동 393-1번지 (옛 남선창고)
32	김용만 소설	춘천옥 능수엄마(2009)	태종대
33	정미형 소설	나의 펄 시스터즈(2012)	초량시장
34	조갑상 소설	밤의 눈(2012)	남포동(옛 부마항쟁 시작점)
35	함정임 소설	기억의 고고학-내 멕시코 삼촌(2012)	아미동 달동네
36	박정애 소설	우리가 그리는 벽화(2012)	텍사스촌
37	김가경 소설	홍루(2012)	텍사스촌
38	정영선 소설	물컹하고 쫀득한 두려움(2014)	초량동
39	박향 소설	카페 폴인러브(2015)	중앙동
40	배이유 소설	분홍사다리(2016)	범일동 성북고개
41	이민진 소설	파친코(2017)	영도
42	한정기 소설	깡깡이(2018)	대평동
43	박솔뫼 소설	인터내셔널의 밤(2018)	부산역
44	함정임 소설	영도(2020)	영도 일대
45	김숨 소설	초록은 슬프다(2020)	충무동(미도리마치)
46	이윤길 소설	부드러운 추락(2021)	충무동(완월동)

47	김춘수 시	내가 만난 이중섭	광복동
48	임화 시	상륙	영도다리
49	강은교 시	다리 위에서-영도를 기억함	영도다리
50	김종해 시	영도다리	영도다리
51	황진 시	다방에서	광복동
52	김수우 시	근대화슈퍼	초장동
53	손택수 시	수정동 물소리	수정동
54	김참 시	빵집을 비추는 볼록거울	중앙동
55	최정란 시	40계단에서 훔친 사과	중앙동 40계단
56	원양희 시	사십계단, 울먹	중앙동 40계단
57	안효희 시	스무 살 정희	보수동 책방골목
58	정익진 시	홍등	상해거리
59	고명자 시	천마산이 아침을 꺼내준다	천마산
60	배옥주 시	자유시장	범일동 자유꽃상가 106호
61	김점미 시	쇠미역	영도 중리
62	손음 시	영도	영도다리

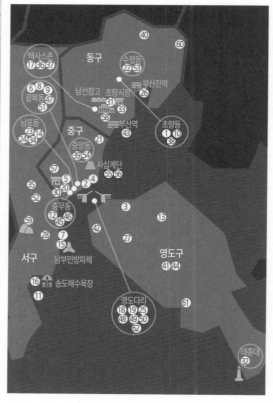

		낙동강 유역(사하·북·강서·사상구)	
1	조명희 소설	낙동강(1928)	대저동
2	김정한 소설	모래톱 이야기(1966)	을숙도
3	김정한 소설	수라도(1969)	낙동강
4	김정한 소설	독메(1970)	구포다리
5	이문열 소설	하구(1981)	낙동강 하구
6	조세희 에세이	침묵의 뿌리(1985)	을숙도
7	홍성원 소설	남과 북(1987)	낙동강
8	강인수 소설	낙동강(1992)	낙동강
9	최윤 소설	하나코는 없다(1994)	낙동강
10	고금란 소설	포구 사람들(1994)	다대포
11	김현 소설	봄날의 화원(2010)	덕천동(구포 일대)
12	김언수 소설	하구(2013)	낙동강 하굿둑
13	이은상 시	낙동강에서	낙동강
14	유치환 시	겨레의 어머니여, 낙동강이여!	낙동강
15	양왕용 시	에덴 공원의 젊은이들-하단 사람들6	에덴공원
16	이상개 시	낙동강 하구언	낙동강 하구언
17	박태일 시	명지 뭍끝	강서구 명지
18	양진건 시	구포역	구포역
19	동길산 시	낙동강	화명생태공원
20	안도현 시	낙동강	낙동강
21	황동규 시	다대포 앞바다, 해거름	다대포
22	정일근 시	몰운대	몰운대
23	신진 시	강 헤어지는 사랑	낙동강
24	권정일 시	몰운대 저녁노을	몰운대
25	최원준 시	저물 무렵	낙동강
26	이달희 시	고무다리·낙동강·17	낙동강
27	정연홍 시	새벽시장	사상구 새벽시장
28	김요아킴 시	공중부양사·금곡동 아파트	금곡동
29	서태수 시조	네 이놈, 토충·2	낙동강

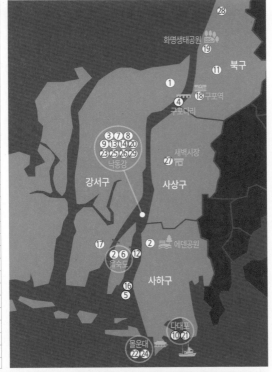

		부산해역(부산항·부산남항·감천항 등)	
1	최찬식 소설	추월색(1912)	부산항
2	염상섭 소설	만세전(1924)	부산항(현 국제여객터미널)
3	이동구 소설	도항노동자(1933)	부산항 제1부두
4	장혁주 소설	부산항의 파란 꽃(1952)	부산항
5	이호철 소설	탈향(1955)	부산항 제3부두
6	이병주 소설	관부연락선(1968~1970)	부산항
7	윤정규 소설	한수전(1971)	부산항
8	유익서 소설	우리들의 축제(1978)	중구 중앙동
9	윤진상 소설	모반의 도시(1981)	부산항
10	문성수 소설	배는 돌아오지 않는다(2009)	부산남항부두
11	오정환 시	부산항	부산항
12	김성식 시	항구 17 입항하는 부산항	부산항
13	강정 시	너를 죽인 후, 다시 바다	부산항
14	이윤길 시	파도 22	감천1동 감천항

		동래(동래·금정·부산진·연제)	
1	김정한 소설	사하촌(1936)	청룡동(옛 남산동)
2	김수영 산문	시인이 겪은 포로 생활(1953)	부산시청(옛 포로수용소)
3	손창섭 소설	비 오는 날(1953)	한전 동래변전소 (옛 동래전차종점)
4	오영수 소설	메아리(1959)	금정산
5	이주홍 소설	지저깨비들(1966)	현 명륜동 로얄캐슬
6	이주홍 소설	동래금강원(1969)	금강공원 입구 (옛 금강공원 동물원)
7	김정한 소설	굴살이(1969)	금강공원 입구 (옛 금강공원 동물원)
8	김정한 소설	어둠 속에서(1970)	현 동래경찰서
9	김정한 소설	사밧재(1971)	노포동
10	김정한 소설	위치(1975)	동래시장
11	이주홍 소설	선도원일지(1975)	금강공원 입구
12	윤후명 소설	모든 별들은 음악소리를 낸다(1982)	동래 세병교
13	이규정 소설	입(1984)	남산동
14	정영선 소설	실로 만든 달(2007)	동래읍성(동래 일대)
15	김인배 소설	등대곶(2008)	금정산
16	이정임 소설	태양을 쫓는 아이(2008)	부산시민공원 (옛 하야리아부대)
17	정형남 소설	삼겹살(2012)	안락동
18	배길남 소설	동래부사접 왜사도(2013)	동래읍성
19	나여경 소설	상해편지(2021)	요산문학관
20	임수생 시	금정산은	금정산
21	전홍준 시	금정산	금정산
22	조성래 시	동래읍성 북장대	동래읍성
23	조말선 시	묘지의 산책자	영락공원
24	조향미 시	비오는 날 동래시장	동래시장
25	송유미 시	머릿속 얄미운 지우개	범어사
26	유지소 시	범어사	청룡동
27	정진경 시	승리의 주술	사직야구장
28	진명주 시	물만골	연산동
29	김언 시	동천	동천
30	이기록 시	동천	동천

		해운대·기장·남·수영	
1	최서해 소설	누이동생을 따라(1930)	해운대 해수욕장
2	김정한 소설	그러한 남편(1939)	해운대 해수욕장
3	유진오 소설	화상보(1940)	해운대
4	이태준 소설	석양(1942)	파라다이스호텔 맞은편 (옛 해운대온천)
5	이주홍 소설	음구(1972)	해운대 팰레드시즈(옛 극동호텔)
6	오영수 소설	갯마을(1955)	일광면 이천리
7	김성종 소설	백색인간(1981)	해운대 해수욕장
8	김성종 소설	국제열차살인사건(1987)	해운대 바다
9	김설 소설	게임 오버-수로바이러스(1997)	파라다이스호텔
10	유익서 소설	바위물고기(2003)	해운대 바다
11	김성종 소설	달맞이언덕의 안개(2015)	해운대 달맞이길
12	조미형 소설	씽푸춘, 새벽 4시(2015)	대변항
13	나여경 소설	어둠의 방(2016)	문현동 벽화마을(옛 돌산마을)
14	배길남 소설	썩은 다리-세번의 웃음(2018)	대연동 신연초등학교
15	이미욱 소설	밤이 아닌 산책(2020)	수영강
16	허만하 시	영천약국 가는 길	광안리
17	이해웅 시	고리(古里)	고리 원자력발전소
18	김광자 시	내 삶이 감파랗게 물든 해운대 장산 자락에서	해운대 장산
19	서규정 시	풍경 A	반송
20	김규태 시	오륙도	오륙도
21	전다형 시	동해남부선	송정동(옛 구덕포)
22	박정애 시	사랑대 가는 길	기장읍 시랑대
23	권애숙 시	동백섬 별리	해운대 동백섬
24	송진 시	만화리 마을	기장읍 만화리
25	문영 시	돌멸치	장안읍 월내리 월내포구
26	김형로 시	학리 언덕길	일광면 학리
27	신정민 시	해방대통령	민락수변공원

		부산 주제 소설·시집·평론집	
1	김말봉 소설	태양의 권속(1952)	부산 일대
2	최해군 소설	부산포(1985~1987)	부산
3	정태규 외 27명 소설집	부산을 쓴다(2008)	부산 전역
4	오선영 소설집	호텔 해운대(2021)	해운대, 초읍도서관, 온천장
5	김민혜, 박영해, 조미형, 오영이, 장미영, 안지숙 소설집	모자이크 부산(2021)	부산시민공원, 센텀시티, 문현동 돌산마을, 거제리, 증산공원
6	강성민, 김가경, 김미양, 배길남 소설집	팬데믹, 아트살롱(2021)	구서동, 부전시장, 금정산
7	이정임, 박솔뫼, 김비, 박서련, 한정현 소설집	안으며 업힌(2022)	동구 초량동 일대
8	임회숙 소설집	산복도로의 꿈(2022)	감천문화마을, 아미동 비석마을
9	조병화 시집	패각의 침실(1952)	부산
10	유병근 시집	금정산(1995)	금정산
11	강영환 시집	산복도로(2009)	산복도로
12	최영철 시집	금정산을 보냈다(2014)	부산 전역
13	김흥규 시집	두고 온 텃밭(2015)	금정산, 금정구 일대
14	김영준 시집	부산 은유를 품다(2017)	부산 전역
15	정훈 시집	새들반점(2022)	중구 동광동, 동구 일대

		부산 문학·문단 연구서
1	이봉구	피난부산문단(1966)
2	이주홍	부산문단사(1972)
3	고은	1950년대(1974)
4	김중하	문학(1991)
5	최화수	부산문단이면사(1991)
6	부산문인협회	부산문학사(1999)
7	김병익	한국문단사 1908~1970(2001)
8	황국명	부산 지역 문예지의 지형학적 연구(2004)
9	최해군	작가 최해군 문단이야기(2005)
10	김규태	시인 김규태의 인간기행: 그 사람들(2009)
11	조갑상	이야기를 걷다(2009)
12	박태일	김수영과 부산 거제리 포로수용소(2010)
13	구모룡	해양풍경-현대 해항도시와 해양문학의 양상(2014)
14	이현주 외	피란수도 부산의 문화예술(2015)
15	구모룡 외	서부산 낙동강 문학 지도(2016)
16	이순욱 외	피란수도 부산의 문학풍경(2018)
17	황국명 외	의인 윤정규의 아카이빙 구축을 위한 자료수집 및 기초연구(2021)
18	정영자	부산여성문학사(2021)
19	남송우	고석규 평전(2022)

골목 다양성 채우는
작은 서점,
가성비 좋은
공공도서관

글
/
김
동
주

망미골목의 '비온후책방'

서점과 도서관을 '책 사는 곳' 혹은 '책 읽는 곳'으로만 여기던 시대는 지났다. 온라인 서점과의 경쟁과 코로나19 사태에도 서점들은 '특별한 무엇'을 내세워 동네 곳곳에서 단단하게 자리 잡았다. 도서관의 모습도 달라졌다. 부산 대표 도서관 '부산도서관'과 영남권 최초 국가도서관 '국회부산도서관' 등은 딱딱한 이미지를 벗고 시민의 문화공간 역할을 하고 있다.

['공간이 주는 기쁨' 오프라인 서점은 살아 있다]

책값 할인과 무료 배송을 앞세운 온라인 서점의 공세에 코로나19 사태가 겹치면서 오프라인 서점은 큰 타격을 입었다. 규모가 작은 서점만 휘청거린 것이 아니다. 가까스로 회생하기는 했지만 국내 3대 대형 서점으로 꼽혔던 '반디앤루니스'가 부도를 맞았다. 부산 향토 서점이었던 동보서적은 2010년 문을 닫았고, 문우당서점도 폐업 위기를 여러 번 겪었다. 부산의 문화유산인 보수동 책방골목의 헌책방 수는 70곳에서 30여 곳으로 줄었다.

한국서점조합연합회가 2022년 2월 발간한 《2022 한국서점편람》에 따르면 대형 체인 서점의 오프라인 매장 수는 2019년 150곳에서 2021년 143곳으로 줄었다. 전체 서점 수는 어떨까. 많이 줄었을 것이라는 예상과 다르게 2021년 기준 전국 서점 수는 2528개로, 2019년보다 오히려 9% 증가했다. 2019년의 전국 서점 수는 2320개였다. 이렇게 서점이 증가한 이유는 다양한 형태의 작은 서점이 잇따라 문을 열었고, '지역 서점 활성화 지원에 관한 조례'가 보편화되면서 공공기관이 도서를 구매할 때 지역 서점을 우선 이용하는 등 생존 기반이 마련됐기 때문으로 분석했다. 부산의 서점 수는 2009년 238곳, 2013년 209곳, 2015년 2019년 165곳까지 줄어 감소세를 보였지만, 2021년 198곳으로 소폭 늘었다.

부산의 서점 목록을 보면 '간판'에서부터 개성이 느껴지는 곳이 많다. 동네 서점들은 개성 있는 북큐레이션을 선보이고 독서 모임, 영화 상영, 저자와의 만남 등 다양한 프로그램을 진행하며 시민의 발길을 끌고 있다. 문화예술골목으로 대표되는 수영구 망미골목을 채우고 있는 콘텐츠 중 하나도서점이다. 소셜네트워크서비스(SNS)의 활성화로 '가게 위치'의 중요성이 옅어진 덕에 작은 서점들은 부산 전역에서 문화의 향기를 내뿜고 있다. 중구 40계단 근처 골목의 두 평 남짓한 작은 책방 '여행하다'. 이곳에서 가장 눈에 띄는 것은 책장에 꽂힌 책들이 아니라 서로 마주 보고 앉는 작은 테이블이다. 고하나 대표가 2019년 문을 연 이곳은 심리 상담을 진행하고, 도움이 될 만한 책을 추천해 주는 책방이다. 고 대표는 "작은 서점은 경험을 소비하는 곳"이라며 "확실한 콘셉트가 있어야 살아남을 수 있다."고 말한다.

공공도서관과 마주 보고 있는 책방도 있다. 연제구 연산도서관 앞에 자리 잡은 '책방 카프카의밤'은 주인장 취향의 단행본과 독립출판물, 부산 서적을 취급한다. 계선이 대표는 "골목 문화가 풍부해야 주민의 삶도 풍성해진다."며 "동네 서점은 골목 문화의 다양성을 채우는 중요한 인프라"라고 강조한다.

연제구의 '책과아이들'은 1997년 문을 연 어린이·청소년책 전문 서점이다. 강정아·김영수 공동대표가 운영하는 독서문화 복합공간으로 파는 곳, 읽는 곳, 듣는 곳, 이야기하는 곳, 보는 곳이 다 있다. 김영수 대표는 "동네 책방은 주민의 취향에 맞춰 더 빠르게 책을 큐레이션한다는 점이 도서관과 차별화된다."고 말한다.

10월의 어느 주말 중구 보수동 책방골목이 북적북적했다. '2022 보수동책방골목 문화축제'가 열린 것. 재미있는 노래극·인형극이 열리고, 체험 부스엔 웃음이 넘치고, 헌책이 팔려 나가는 골목에는 활기가 넘쳤다. 이 골목의 30여 서점은 오늘도 꿋꿋이 '부산 미래유산'을 지키고 있다.

어린이·청소년책 전문 서점 '책과아이들' 전시실

연산도서관과 마주보고 있는 '책방 카프카의밤'

2022 보수동 책방골목 문화축제

[딱딱한 분위기 벗어던진 공공도서관의 변화]

'신문화지리지 시즌1 2009 '을 기획했던 2009년 부산의 공공도서관 수는 23곳이었다. 2022년 11월 현재 부산 공공도서관 수는 49곳으로 배 이상 늘었다. 지역별로 보면 강서구는 1곳(2009년)→3곳(2022년 11월 기준), 금정구 2곳→3곳, 기장군 1곳→8곳, 남구 1곳→2곳, 동구 2곳→3곳, 동래구 1곳→3곳, 부산진구 2곳→4곳, 북구 2곳→4곳, 사상구 1곳→2곳, 사하구 1곳→2곳, 서구 1곳→1곳, 수영구 1곳→3곳, 연제구 1곳→2곳, 영도구 1곳→2곳, 중구 1곳→1곳, 해운대구 4곳→6곳이다. '수'로만 따지면 도서관이 가장 많이 늘어난 곳은 기장군이다.

새로 생긴 공공도서관들은 숨죽여 책을 읽고 독서실처럼 공부하던 딱딱한 분위기를 벗고 도심 속 쉼터이자 시민들의 문화 놀이터 역할을 하고 있다. 대중교통 접근성도 좋아졌다.

2009년 이후 공공도서관 분야에서 가장 눈에 띄는 것은 2020년 부산 대표 도서관인 '부산도서관' 개관이다. 부산시 최초 직영 도서관으로, 사상구 덕포동 지하철역 2번 출구 인근에 자리 잡았다. 11만여 권의 도서와 전자책, 오디오북 등을 보유하고 있다. 도서관 내부는 층고가 높고 칸막이가 없이 개방된 구조다. '독서실형' 열람실이 없는 대신 자료실 곳곳에 앉아서 자유롭게 책을 읽을 곳이 충분하다. 인근 주거지역과 소통하는 공공보행로를 확보해 주변의 모든 곳에서 도서관으로 쉽게 접근할 수 있다. 전시나 공연, 교육 등 다양한 프로그램도 운영하고 있다.

2022년 3월에는 영남권 최초 국가도서관인 '국회부산도서관'이 강서구 명지국제신도시에 문을 열었다. 입법 활동에 필요한 정보를 제공하는 의회도서관의 역할은 물론 주민을 위한 공공도서관 역할도 한다. 서울 본관에서는 시행하지

2020년 개관한 부산 대표 도서관 '부산도서관'

개방감이 뛰어난 '부산도서관' 내부

영남권 최초 국가도서관인 '국회부산도서관'

않는 관외 대출 서비스를 한다. 도서관 곳곳에 아이들이 뛰놀거나 공부할 수 있는 공간과 책을 읽을 수 있는 쉼터를 갖추고 있다. 특히 감각적인 모양의 조명, 테이블에 매립된 콘센트, 다양한 모양의 소파는 카페를 떠올릴 만큼 편안한 분위기를 준다. 책 읽는 계단은 복합문화공간을 지향하는 도서관의 상징 공간이다. 서가에서 빼 온 책을 자유롭게 읽을 수 있고 작은 규모의 강좌와 세미나, 팝업 전시 등이 이곳에서 열린다. 매년 주제와 방식을 바꾸는 기획 전시와 의회 민주주의 체험 교육 프로그램도 운영한다.

2021년 개관한 금정구 금샘도서관도 지역 주민을 위한 문화공간으로 구성했다. 5만여 권의 개관 장서를 비치해 통상 2만여 권으로 개관하는 다른 공공도서관보다 장서 보유고가 월등히 높다. 기존 공공도서관의 틀을 깬 내부 인테리어도 눈길을 끈다. 통창을 통해 금정산과 중앙대로 사거리가 한눈에 들어오고 종합자료실 일부를 계단식으로 꾸민 아이디어 스텝도 독특하다. '2021년 부산(다운) 건축상' 동상을 받았고, 인근 주택가의 주차난 해소를 위해 공영주차장을 조성하기도 했다. 북콘서트, 문화공연, 기획 전시회, 체험 특강 등 연령대별 다양한 강좌가 운영된다.

'2022년 부산다운 건축상'에서 공공건축 부문 은상을 받은 수영구도서관은 '달라진 도서관 공간'을 실감하게 한다. 2018년 현상설계 공모를 통해 당선된 삼각형 형태의 조형미를 가진 건축물로, 2년여의 공사 기간을 거쳐 2022년 4월 재개관했다. 최근의 도서관 트렌드에 맞춰 누구나 쉽게 이용하는 문화공간을 목표로 했으며, 건물 내 모든 공간이 열려 있고 막힘이 없다. 기존의 독서실 기능을 벗고 독서와 학습 활동이 한 공간에서 이뤄지도록 해 수영구의 문화 랜드마크로 자리매김하고 있다.

2021년 개관한 '금샘도서관'

어린이극장을 갖춘 '정관도서관'

주민 문화공간인 '해운대도서관'

[생존 걱정하는 서점, 아직 부족한 공공도서관]

개성 있는 작은 서점들은 지난 몇 년 새 문을 많이 열기도 했지만, 문을 많이 닫기도 했다. 코로나19 타격, 치솟은 임대료, 낮은 마진율, 줄어든 독서 인구 등이 원인이다. 김영수 책과아이들 대표는 "지역 서점 수익구조 개선과 관련해 완전 도서정가제가 이뤄져야 한다."고 말한다. 우리나라는 10% 할인과 5% 적립을 허용하는 불완전한 도서정가제를 시행하고 있다. 이 때문에 출판사들은 할인을 염두에 두고 미리 책값을 높이고, 소규모 출판사들은 할인 경쟁에 밀리고, 동네 책방은 결국 문을 닫게 된다. 독자 입장에서는 다양성을 잃게 되는 것이다.

계선이 책방 카프카의밤 대표는 "책방이 본업이 되기는 힘든 게 현실"이라며 "그나마 공공기관의

'부산도서관' 서가

'국회부산도서관' 내부

지역 서점 구매가 이뤄지고 있지만 아직은 소액에 그치고 있어 아쉽다."고 말했다. 고하나 책방 여행하다 대표는 "문화정책이 받쳐 줘야 할 부분도 있지만 각자 경쟁력을 갖추는 것도 중요하다."고 했다. 보수동 책방골목번영회 이민아 회장은 "보수동 책방골목은 긴 세월 동안 헌책의 가치를 지켜온 곳"이라며 "임대료 보존이나 생활문화시설 등록 가이드 등 행정의 유연한 대처가 필요하다."고 강조했다.

공공기관이 책을 구입할 때 지역 서점을 이용하는 쪽으로 변화하고 있지만 '유령 서점' 문제는 여전히 남아 있다. 서점 대표들은 "실제 매장을 운영하지 않으면서 도서 분야로 업종을 등록해 공공기관 도서 입찰에 참여하는 유령 서점들이 있다."고 목소리를 높였다.

한국출판문화산업진흥원의 〈공공기관 도서 납품 낙찰자 실태 조사〉 연구 결과를 보면 이와 관련한 실태를 확인할 수 있다. 2019년 나라장터에서 여가용 도서 낙찰 실태를 조사한 결과, 서점 사업자와 타 업종 사업자의 비율이 각각 51%와 49%였다. 책과 무관한 업종을 운영하면서 '서적' 업종을 추가

해서 참여한 곳이 많았는데, 심지어 인력 공급업, 한식 음식업, 스포츠용품 업체도 낙찰받았다. 또한 '생활용 포장·위생용품, 문구용품 및 출판 인쇄물' 업종의 한 사업체가 7건을 계약했으며, 5건을 계약한 업체가 5곳, 4건을 계약한 업체가 6곳, 3건을 계약한 업체가 24곳, 2건을 계약한 업체가 79곳으로 나타났다.

연구를 진행한 책문화콘텐츠연구소는 "현재 시행하는 공공기관 도서 납품에 관한 입찰제도에서 입찰 참가 자격 업종을 '지역 서점'과 '서점업'으로 대상을 한정하면 유령 서점 논란은 사라질 것으로 보인다."고 했다. 또한 '지역 서점 매장 확인서' 등 참고자료를 제출해 검증할 수 있도록 제도를 마련할 필요가 있다고 제안했다.

부산의 공공도서관 현실은 어떨까. 국가도서관통계시스템의 도서관 1관당 인구수를 보면 서울은 2021년 4만 8766명이지만, 부산은 2021년 6만 8375명이었다. 사서 1인당 봉사 대상 인구수도 서울은 6995명인 것에 반해 부산은 9683명이나 된다. 공공도서관도 수도권과 지역의 격차가 벌어져 있는 것이다. 구·군별 인구수와 도서관의 면적·장서 수 등을 고려해야겠지만 부산 내에서도 구·군별 불균형을 보인다. 1963년 개관한 부전도서관은 건물 노후로 무기한 휴관에 들어가기도 했다.

우리나라 국민의 도서관 이용도는 매우 낮은 수준인데, 그 원인 중 하나는 도서관 접근성이다. 2021년 국민 독서 실태 조사에 따르면 우리나라 성인의 83.1%는 1년간 도서관을 이용한 적이 한 번도 없다고 응답했다. 2019년의 76.1%보다 더 늘어난 수치다. 도서관을 이용하지 않는 이유에 대해 성인 11.6%는 '집에서 멀어서'라고 답했다. 초·중·고 학생은 54%가 1년간 학교 밖 도서관을 한 번도 이용한 적이 없다고 응답했다. 그중 21.8%가 '집에서 멀다'는 이유를 들어, 도서관 접근성이 문제가 됨을 알 수 있다.

도서관법 제43조(도서관의 책무)에서는 '도서관은 모든 국민이 신체적·지역적·경제적·사회적 여건에 관계없이 공평한 도서관 서비스를 제공받는 데에 필요한 모든 조치를 하여야 한다'고 규정하고 있다. 이와 관련, 부산대 문헌정보학과 장덕현 교수 연구팀(구본진·장덕현)이 한국도서관 정보학회

지에 발표한 논문 〈부산지역 공공도서관 분포의 특성과 공급 불균형 양상〉에서는 '도서관은 이용자들이 도서관 서비스를 공평하게 향유할 수 있도록 공평한 접근을 보장하여야 함에도 불구하고, 현재의 공공도서관 확충 정책이 공공도서관 입지나 접근의 효율보다는 공공도서관의 양적 확대에 초점을 맞추고 있다는 한계를 보여주고 있다'고 지적한다.

장덕현 교수는 부산의 공공도서관이 해결해야 할 과제로 지역적 불균형, 접근성, 체계적 로드맵, 거점도서관 등 4가지를 꼽았다. 장 교수는 "부산 도서관이 서울 수준으로 되려면 70개는 있어야 한다."며 "도서관은 흔히 말하는 가성비 좋은 문화시설인 데 반해 대부분 접근성이 좋지 않은 곳에 있다."고 지적했다. 또한 "시가 전체적으로 큰 그림을 그리고 체계적인 로드맵을 세워 어디에 어떤 도서관을 어떤 규모로 지을 것인지 계획이 나와야 하며, 대표 도서관이 확실한 역할을 하고 권역별로 거점 도서관이 있어야 한다."고 말했다.

그림/치웅타옹

책방					
강서구	**남구**	**부산진구**	**사하구**	**연제구**	**보수동 책방골목**
구름책방	나락서점	(주)영광도서	건국서점	동양문고	경희서점
명지 고양이아동서점	당신의책갈피	경원서점	다대서점	명인서점	고서점
명지서점문구	동아서적	계단위로	다대포예술기지	북앤아이 어린이전문서점	국제서적
명호서점문구	동천서점	다온서점	다대현대서점	아크앤북 부산아시아드점	글벗 두 번째
북앤스페이스	메트로서점	대원문구서점	당리서점	오늘의 서재	글벗서점
북앤컬쳐(국제신도시서점)	문현도서	동성서점	대림서점	우리서점 문구	남신서적
오래서점	박영도서	북컬쳐 서면점	문장서점	유성도서	남포문고
책방너머	부경도서	새학문서점	보성서점	잔메서점	남해서적
코코래빗	브이데이문구편의점	우리서점	부여고서점	책과아이들	남해서점
금정구	지성도서	웅비서점	삼성서점	책마을	낭독서점시집
공공북스	탑서점	율곡서점	청솔서점	책방 카프카의밤	대영서점
다사랑문고	**동구**	이바구	푸른서점	태양서점	동아서적
대광서점	그레이트북스 키다리북마트	잉크앤페더	해든서점	핸즈북스	동화나라
대동서점	꽃샘도서	책방밭개	향학서점	**영도구**	동화서점
목민서관	백운서점	플러스비서점 (가야점)	**서구**	교양당서점	반석서점
부곡서점	상록도서	**북구**	경남서점	손목서가	보수서점
부산도서	이루카책방	강아지똥 책방	상학당서점	예림서점	성문서점
새학서적	**동래구**	광명서점	영림의학사	오늘의 양식	세기서적
쓰다북스	가람도서	구남서점	**수영구**	**중구**	알파서점
여고서점	가람도서(사직)	금곡하나로서점	남일도서	동서도서	온달서점
예쁜책방 헤이즐	글샘서점	대한도서	남천서점	문우당서점	우리글방
장전서점	대명서점	만덕서점	도산서원	미묘북	월드서점
지산서림책	동래서점	석정도서	동주책방	여행하다(여기서행복하다)	제일서점
프라임북스	숨희책방 파이데이아 동래지부	성공도서	두두디북스	주책공사	중앙서점
하나도서	스테레오북스	작은책방 북적북적	비온후	**해운대구**	책방골목사진관
학우사	월드서점	장학서점	삼성도서	곰곰이서점	천지서적
한솔서점	장원도서	코끼리서점	에벤에셀기독서점	그림책방 dear	청산서적
현대서점	책사랑문고	한국도서	인디고 서원	글사랑서점	청산서점
효원도서	크리스탈북스	화명서점	책방 뒷북	꿈나무문구	충남서적
기장군	하늘책방	**사상구**	청백도서	대승서점	파도책방
군청서점		대덕서점	한빛서점	대원서점	학문서점
메가북스		덕포서점	흰돌서점	동네서점아르케	한마음서점
명문서적		동아서점	북카페 바사크라	명성서점	효림서점
사계절서점		소년소녀 책방		센텀서점SKY문구	효원도서
사랑리책방		정록서점		영광서점	
영재서적 정관점				영산도서	
이터널 저니				영재서적	
행복서점				영재서적 해강점	
				주문서점	
				책방봄봄	
				책읽는 아이들 서점	
				한양서적	
				한양서적(반여점)	
				해강문구	
				해운도서	

공공도서관

	강서구	
1	부산강서도서관	공항로811번길 10(대저2동)
2	지사도서관	과학산단2로20번길 5(지사동)
3	부산강서기적의도서관	명지오션시티10로 80(명지동)
	금정구	
4	금정도서관	금정도서관로 33(청룡동)
5	금샘도서관	기찰로 94(부곡동)
6	부산광역시립서동도서관	서부로76번길 5(서동)
	기장군	
7	기장디지털도서관	기장읍 기장대로 560 기장군청
8	내리새라도서관	기장읍 기장대로 51
9	대라다목적도서관	기장읍 차성서로 86
10	정관어린이도서관	정관읍 정관8로 11
11	정관도서관	정관읍 정관중앙로 100
12	기장도서관	기장읍 차성동로126번길 13-5
13	고촌어울림도서관	철마면 고촌로 51
14	교리도서관	기장읍 차성로417번길 11
	남구	
15	분포도서관	분포로 97(용호동)
16	남구도서관	수영로267번길 61(대연동)
	동구	
17	동구도서관	성북로36번길 54(범일동)
18	동구어린이영어도서관	수성로 21(수정동)
19	부산광역시립중앙도서관 수정분관	홍곡로 53(수정동)
	동래구	
20	동래읍성도서관	동래로159번길 153(칠산동)
21	안락누리도서관	명안로10번길 64(안락동)
22	부산광역시립명장도서관	명안로46번길 35(명장동)
	부산진구	
23	부산광역시립중앙도서관 분관 부산영어도서관	가야대로 734(부전동)
24	부산광역시립부전도서관	동천로 79(부전동)
25	부산진구 어린이청소년도서관	백양순환로110번길 25(부암동)
26	부산광역시립시민도서관	월드컵대로 462(초읍동)

	북구	
27	부산광역시립구포도서관	백양대로1016번다길 43(구포동)
28	만덕도서관	은행나무로 26(만덕동)
29	화명도서관	화명대로12번길 59(화명동)
30	금곡도서관	효열로203번길 34(금곡동)
	사상구	
31	사상도서관	덕상로72번길 9(덕포동)
32	부산도서관	사상로310번길 33(덕포동)
	사하구	
33	다대도서관	다대낙조2길 9(다대동)
34	부산광역시립사하도서관	승학로 247(괴정동)
	서구	
35	부산광역시립구덕도서관	대신공원로 41(서대신동3가)
	수영구	
36	수영구도서관	남천서로 33(남천동)
37	망미도서관	연수로315번길 23(망미동)
38	수영구어린이도서관	장대골로 75-6(광안동)
	연제구	
39	부산광역시립연산도서관	고분로191번길 16(연산동)
40	연제도서관	황령산로 612(연산동)
	영도구	
41	영도서관남항분관	절영로 71(남항동2가)
42	영도도서관	함지로79번길 6(동삼동)
	중구	
43	부산광역시립중앙도서관	망양로193번길 146(보수동1가)
	해운대구	
44	해운대인문학도서관	반여로 132(반여동)
45	부산광역시립반송도서관	아랫반송로 22(반송동)
46	부산광역시립해운대도서관	양운로 183(좌동)
47	해운대도서관 우동분관	우동1로 89(우동)
48	반여도서관	재반로282번길 38(반여동)
49	재송어린이도서관	해운대로76번길 35-1(재송1동)

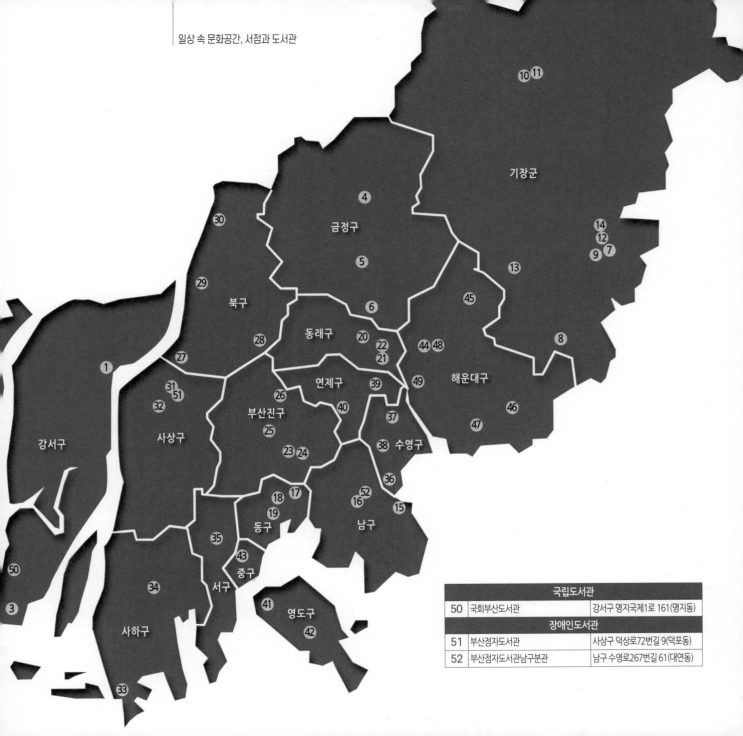

일상 속 문화공간, 서점과 도서관

기장군

금정구

④

⑩⑪

⑭
⑫
⑦
⑨

⑬

㉚

㉙

북구

㉘

동래구

금정구 ⑤

⑥

⑳

㉒
㉑

㊺

㊹㊽

⑧

해운대구

㊸

㉜

㉗

①

㉛
㊿①

㉜

사상구

부산진구

㉖

연제구

㊴

㊵

㊲

㊴⑨

⑳

㊱

수영구

㊳

⑮

강서구

㉓㉔

㉕

동구

⑰
⑱
⑲

㊲
52
⑯

남구

㊱

㉟

영도구

㊺

중구

⑭③

서구

㊶

⑤⓪

③

㉞

사하구

㉝

국립도서관		
50	국회부산도서관	강서구 명지국제1로 161(명지동)
장애인도서관		
51	부산점자도서관	사상구 덕상로72번길 9(덕포동)
52	부산점자도서관남구분관	남구 수영로267번길 61(대연동)

생존 위기에도
지역 공동체
전문 분야 파고든
미디어 실험

글 / 박세익

부산의 정기 간행물

오프라인과 온라인의 경계가 무너지는 세상이다. 온갖 소식과 정보를 전하는 신문과 잡지, 그리고 방송 등은 여전히, 아니 오히려 갈수록 더 심한 격변기를 겪고 있다. 어제의 '뜨는 별'이 오늘 '지는 해'가 된다.

올드 미디어로 분류되는 부산의 정기간행물과 방송 역시 쓰나미처럼 덮치는 온라인 물결 속에 생존을 위해 몸부림친다. '신문화지리지 시즌1 2009' 발간 당시와 비교하면 천지개벽 수준이다.

'종이 매거진'은 휴간이나 온라인 전환 혹은 병행을 고민하지 않을 수 없다. 전통 매체의 대명사인 일간지, 주간지, 방송도 온라인 콘텐츠를 고민하지 않고는 살아 남기 힘들다.

[정기간행물은 '생존 투쟁' 중]

2017년 창간호를 낸 독립출판 계간지 《하트 인 부산》. 역사 History 와 이야기 Episode , 건축 Architecture , 관계 Relationship , 여행 Trip 의 영문 첫 글자를 딴 하트 HEART 에 이어 한자 사람 인 人과 영어 인 in 의 중의적 표현, 그리고 부산을 합한 것이다.

부산의 청년작가 모임 '글담'과 독립출판 '쓰담'이 한데 뜻을 모았다. 목표는 '부산을 대표하는 로컬 인문 매거진'. 부산 16개 구·군을 돌아가며 지역의 스토리와 사람들을 소개한다.

독립출판 쓰담 장혜원 대표는 "부산 청년작가 8명이 지역 기록을 남겨서 부산을 사랑하는 마음을 기르고, 사람들이 부산을 찾도록 만들자는 데 마음이 통했다."고 말했다.

《하트 인 부산》은 1만 4000원을 받는 유료지다. 인쇄비 등 고정비용을 충당하기 힘들어서다. 유통망도 없어서 부산의 독립서점과 영광도서 등 지역 향토서점, 인터넷 알라딘 서점을 통해 독자들과 만난다.

5년간 부산 절반을 소개하며 쉼 없이 달려온 《하트 인 부산》은 2022년 7월 SNS를 통해 휴간 소식을 알릴 수밖에 없었다. 온라인 출판 흐름 속에 플랫폼의 도움 없이 생존해야 하는 독립 간행물의 숙제를 결국 풀지 못한 것이다.

장혜원 대표 등은 공지 글에서 "잡지 수명의 최대 고비인 5년이라는 시간을 앞두고, 하트 인 부산 역시 당연한 수순을 밟게 되었다는 실망감을 드리는 것은 아닐까 염려되었다."면서도 "추후 멋지게 돌아오는 그날까지 각자 성장을 위한 노력을 멈추지 않겠다."고 약속했다.

이들은 "5년이 지나면서 대학생은 직장인이 되고, 신부는 한 아이의 엄마가, 또 꿈 많던 청년은 새로운 가정을 꾸리기도 했다."며 "생업을 하면서 자비를 들여 밤을 새며 취재와 글쓰기, 편집에 임했고, 부산의 가치 있는 이야기들을 기록하고 인재들을 만나는 데 기꺼이 마음을 쏟아왔다. 하지만 퀄리티질를 유지하기에는 각자의 삶과 가정 또한 너무나 소중하고 존중받아야 했다."고 고충을 밝히기도 했다.

장혜원 대표는 휴간하는 동안 웹진 출간을 고려하는 중이다. 담지 못한 부산의 나머지 지역을 모두 마무리하는 것도 목표. 그는 "잡지 전문 출판사는 유통, 광고 담당자 등 인력이 있지만 독립출판사는 그러하지 못하다."며 "도전하는 청년들을 위해 지원이 더 많아지면 좋겠다. 현재의 여러 지원 정책은 문턱과 장벽이 너무 높다."고 안타까워했다.

부산 유일 무료 연극 비평지《봄》은 2013년 1호 탄생을 알리며 지역 문화계의 주목을 받았다. 고사하는 지역 연극 비평의 불씨를 살리려고 발행인인 진선미 배우 등 연극인들이 직접 나선 것이다. 발간 초기에는 사비를 털었지만, 이후 부산문화재단 등의 지원금도 받아 발행을 이어간다. 6개월에 한 번씩 발간해 2022년 12월 19호를 세상에 내놓았다. 어느새 2023년은 10주년이 되는 해다.

《봄》은 2022년 11월 14일 부산 수영구 망미동 커뮤니티 공간 '플래그엠'에서 잡지의 한 코너인 '난상 토론'을 진행했다. 주제는 낭독의 발견. 새로운 트렌드로 떠오른 낭독 공연을 진단하기 위해 작업자, 연출가, 배우, 작가가 한자리에 모였다.

진선미 발행인은 "예술단체를 제외하고 장르 한 분야로 정기간행물을 제대로 내는 건 문학 분야와 저희가 다인 것 같다."며 "지금 문화계 정기간행물은 사실 고사 직전이다. 잠시 나타

《하트 인 부산》 19호

연극 비평지《봄》

연극 비평지 《봄》의 한 코너인 '난상 토론'을 위해 작업자, 연출가, 배우, 작가들이 모였다

났다 사라지는 간행물이 훨씬 많다."고 상황을 전했다.

《하트 인 부산》과 《봄》처럼, 지역에 뿌리를 두고 태어난 정기간행물들은 연일 처절한 싸움을 벌인다. 출판업계는 이른바 '로컬 잡지'가 전체의 1%가 되지 않을 것이라 추정한다. 부산의 정기간행물 대부분이 경제·사회·문화 분야 기관이나 단체, 기업이 내는 예산의 힘으로 명맥을 잇는 것이 현실이다.

[희망 싹트는 '로컬 간행물']

그래도 그간 영도구와 수영구 등지를 중심으로 구 단위 지역에서 정기간행물의 활발한 활동이 포착됐다.

영도구에서는 《비밀영도》가 매년 특별한 형태로 발간된다. 2017년부터 1년에 한 차례씩 나오다가 5권부터 특별판 형태로 바뀌었다. 영도의 각종 기록을 담은 특별판은 5000원. 책을 내는 ㈜삼진이음 홍순연 전 이사는 "국토부 중심시가지형 도시재생사업인 대통전수방 프로젝트로 처음 시작한 일이라 그만두기 아까워 계속하게 됐다."고 말했다.

《다리 너머 영도》도 종이에서 온라인으로 전환해 생명을 이어간다. 영도 깡깡이예술마을 프로젝트를 진행한 플랜비협동조합이 시작한 로컬 매거진인데, 문화체육관광부 문화도시 사업을 하는 영도문화도시센터가 2020년 12월부터 월 2회 온라인 웹진으로 전환해 발간하고 있다.

고윤정 영도문화도시센터장은 "아카이브 성격이 강했던 《다리 너머 영도》를 온라인에서는 시민기자단 방식으로 바꿔 명실상부한 주민이 참여하는 로컬 문화 잡지가 됐다."고 말했다.

수영구에서도 F1963과 망미골목 등 새로운 독립문화 공간의 탄생에 힘입어 수영성 마을잡지 《푸조와 곰솔》, 무크지 《비클립 b·clip》 등이 출간되고 있다. 부산 해운대구 도서출판 화심헌이 2022년 7월 내놓은 잡지도 시선을 끈다. 《드로우 DRAW》 창간특별호다. 전국을 겨냥한 전문 일러스트 잡지를 부산에서 기획해 내놓았는데, 펼쳐만 봐도 내공이 예사롭지 않다.

'잡지로 그림을 그리다'를 콘셉트로 정한 드로우는 수채화, 색연필, 아크릴, 마커, 오일파스텔, 펜까지 다양한 수단으로 일상을 담아내는 법, 거기에 주제별 전문가, 일러스트레이터의 삶과 스토리까지 담는다.

《드로우》 창간호 내지

화심헌 오동규 대표는 "우선 목표는 계간으로 시작했다."며 "그림을 그리고 싶은 분들이 꿈의 잡지가 나왔다고 반겨줘 무척 기분이 좋다."고 말했다. 그는 이어 "부산이라고 해서 불가능한 건 없다. 서울이 아니어도 문제는 없다. 온라인 세상이라 해외 작가에게 인터뷰를 요청하면 적극적으로 응할 정도로 세상이 변했다."고 말했다. 일러스트 아카데미를 운영하는 오동규 대표의 아내 오정순 일러스트레이터 겸 동화작가가 《드로우》의 발행인이다.

출판사 비온후 김철진 대표는 "《오늘의 문예비평》《시와 사상》 등 문예지들은 지속적으로 발간되고 있다."면서 "서울처럼 잡지사가 발행하는 형태가 아니라, 30대 위주로 책방 모임이나 학원, 공동체가 다른 일을 하면서 다소 거칠고 순수한 열정으로 간행물을 내는 것이 부산 정기간행물의 특성인 것 같다. 젊은 세대를 제대로 표현할 수 있는 매체가 바로 잡지이고, 그들이 겪는 가장 큰 고충은 배포의 문제"라고 전했다.

이렇듯 열악한 여건 속에서도 지역의 의미를 찾아 나서거나, 전문 분야에서 도전을 지속하는 것 또한 '서울공화국'에 맞서 생존을 위해 몸부림치는 부산의 모습이다.

[부산 정기간행물 들여다보니]

2022년 11월 기준 부산 16개 구·군에 등록된 정기간행물은 모두 292개다. 일간지와 주간지, 온라인 매체는 법에 따라 부산시가 따로 관리한다.

2009년 정기간행물 전수 조사를 했을 때 부산시와 각 구·군에 등록된 목록상 정기간행물은 229종이었다. 전체적으로 간행물 숫자는 늘었지만 발간에 어려움을 겪고 있거나 활동을 중단한 곳이 상당수인 것으로 파악된다.

구·군별로 보면, 해운대구가 45개로 가장 많은 정기간행물이 등록됐다. 등록 횟수만으로도 최근 해운대구의 활발한 경제·문화 활동을 미뤄 짐작할 수 있다. 실제 2009년까지 통틀어 9개에 불과하던 해운대구 정기간행물은 2015년 7건 이후 2021년 6건, 2022년 7건으로 매년 신규 등록이 큰 폭으로 늘었다.

부산진구와 남구의 정기간행물은 각각 31건이다. 부산진구에서는 서면과 인쇄골목 등지를 중심으로 정기간행물 활동이 활발하고, 남구에는 부산예술회관과 부산문화재단, 부산문화회관 등 문화시설과 단체가 발행하는 정기간행물이 많다.

이어 동구 24개, 금정구 23개, 수영구·중구 22개, 연제구 20개, 사하구 14개, 동래구·기장군 13개, 사상구 12개, 영도구 8개, 서구 7개, 북구 3개, 강서구 3개 순이다.

2009년 부산시에 등록된 일간지는 종합일간지 《부산일보》와 《국제신문》 2개사뿐이었다. 이후 2012년부터 1~2개사가 이름을 올리더니 2022년까지 17개사가 등록됐다. 주로 경제, 복지, 환경, 문화 등 전문 분야를 대변하는 군소 신문이다.

부산시에 등록된 주간지도 48개에 달한다. 2008년까지 9개, 2009년에는 14개이던 것이 매년 그 수를 늘렸다. 이 가운데 제대로 발행되거나 실체를 파악할 수 있는 주간지는 20개 남짓으로 추정된다.

이에 비해 2022년까지 부산시에 등록된 온라인 매체는 241개로 가히 폭발적으로 늘었다. 2009년에 비해 20배나 급증한 수치다.

2007년까지만 해도 부산시에는 단 3개의 온라인매체가 등록됐다. 2005년 《한국디지털뉴스》, 2006년 《금정신문》, 2007년 《부산경제신문》이 인터넷 공간에서 활동을 시작했다.

그런데 2009년에만 《부울경뉴스》 등 5개 온라인 매체, 2010년 《나눔과 아름다운 동행》 등 3개 매체가 부산시에 등록되었고, 2011년에는 무려 10개의 매체가 탄생을 알렸다. 이후 2012년 5개, 2013년 8개, 2014년 11개, 2015년 18개, 1016년 13개, 2017년 19개, 2018년 23개, 2019년 24개 온라인 매체가 미디어 시장에 뛰어들었다. 코로나19 바이러스가 창궐하기 시작한 2020년에는 무려 39개 매체, 이듬해인 2021년에는 36개 매체가 부산시에 '출생신고'를 했다. 부산에서만 무수한 온라인 미디어들이 나고 지는 상황이 빚어지면서 이들이 제대로 운

부산지역 대표 일간지

영되고 있는지 파악하기 쉽지 않은 상황이 벌어지고 있다.

부산시 대변인실 정현우 주무관은 "신문 등의 진흥에 관한 법률에 따라 매년 5~6월에 등록번호를 받은 온라인 매체들이 제대로 운영되고 있는지 확인하고 있다."고 전했다.

부산에서 온라인으로만 출간하는 정기간행물의 경우 등록 의무가 없어 현황을 파악하기가 쉽지 않다.

부산에서는 오프라인에 비해 비교적 발행이 자유로운 온라인 공간에서 새로운 움직임을 엿볼 수 있다. 매주 월요일 지역 인물을 인터뷰해 스토리를 뉴스레터 형태로 업로드하는 〈온라인 매거진 브릿지〉와 같은 시도가 점점 활성화되고 있는 것이다.

[명맥 잇는 라디오…유선방송의 몰락]

부산에서는 2022년 첫 지역 공동체라디오인《연제FM 연제공동체라디오》가 새로운 시작을 알려 주목 받았다. 방송통신위원회는 전국 20개 소출력 지상파 공동체라디오에 허가를 내줬다. 소출력 공동체라디오는 전기나 인터넷이 없는 재난 상황에 대비하고, 지역 주민과 소외계층을 위해 정보를 전달하는 방송이다.

2004년 도입한 공동체라디오 시범 사업 이후 부산과 경남에서는 연제공동체라디오, 남해공동체라디오가 허가를 받았다. 2022년 11월 '실용화 시범국'으로 시험 방송을 시작한《연제FM 연제공동체라디오》는 106.3MHz를 배정 받았다. 지역형 예비사회적기업이자 사회적협동조합인《연제FM 연제공동체라디오》는 2023년 9월 정식 개국을 앞두고, 장애인과 다문화가족 등을 주제로 한 13개 프로그램을 준비 중이다.

정경희 연제공동체라디오 이사장은 "2022년 태풍이 부산에 영향을 미쳤을 때《연제FM 연제공동체라디오》가 주민을 위한 재난 방송을 하며 공동체라디오의 존재 가치를 증명했다."고 말했다.

이외에 부산의 지상파 방송과 라디오는 큰 변화가 없다.《한국방송공사 ^KBS 부산방송총국》과《부산

부산과 경남을 아우르는 민영방송사 KNN 제작 현장

문화방송 부산MBC《KNN》까지 지상파 TV 3사와《부산CBS》《부산교통방송 TBN》《부산극동방송》
《부산불교방송 BBS》《부산영어방송 BeFM》《원불교 계열 원음방송》《부산가톨릭평화방송 CPBC》등 8
개 지상파 라디오가 있다.

그에 비해 방송에 준하는 힘을 키우고 있는 유튜브와 팟캐스트 플랫폼 인터넷 방송은 무서운 기세
로 늘어나고 있다. 이들은 행정기관이 관리하는 대상이 아니고, 상황이 급변하는 특성으로 인해 실
체를 파악하기가 쉽지 않다.

대표적인 부산지역 온라인 방송은《051FM》이다. 2017년 2월 시작된 051FM은 주 2~3회 '보이는 라
디오' 형식의 방송을 업로드한다. 13명가량의 활동가들이 프로그램 6개를 2주에서 4주에 한 번 제작
해 방송을 이어간다.

이외에도 대학생 팟캐스트《라온에어》, 대학생 뉴미디어단체《부산의 달콤한 라디오》, 그리고 어르신들이 콘텐츠를 제작하는《동래FM》등이 있다.

정욱교 051FM 대표는 "사실 20~30대에게는 뉴미디어가 거의 전부다. 기성 방송의 영향력은 아주 미미하다."고 말했다.

한편 10여 년 전만 해도 부산에는 여러 유선방송사업자 ^{SO} 가 존재했다. 지역을 권역별로 나눠 지역 콘텐츠를 제작해 방송하며 나름대로 풀뿌리 네트워크를 구축했다. 태광그룹 계열의 국내 최대 복수 종합유선방송 사업자 ^{MSO} 인《티브로드》, 금정구《금정방송》, 부산진구《중앙방송》, 중·동·영도구《중부산방송》,《해운대기장방송》, 동래·연제구 권역의《HCN부산방송》, 서·사하구를 맡은《동서디지털방송》이다. 한데 2022년 부산에는 단 3개의 유선방송사만 남았다. 그것도 모두 대기업 계열이다.《티브로드》는《SK브로드밴드》에 사실상 흡수됐고,《CJ헬로비전》은《LG헬로비전》이라는 이름으로 영업 중이다. 역시 대기업인 현대백화점 계열《HCN》만이 연제구와 동래구에서 명맥을 유지하고 있다.

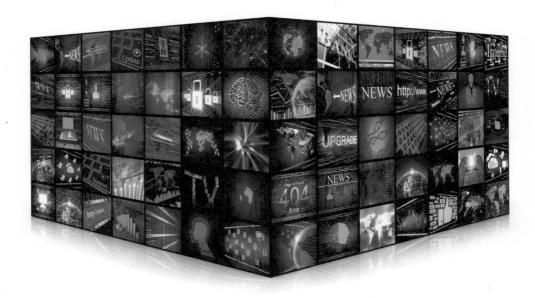

	주요 정기간행물	발행지
1	때꼴리 사람들	강서구
2	청옥문학	기장군
3	어쩌다보니	기장군
4	문학동행	기장군
5	뷰직페이퍼	금정구
6	시와사상	금정구
7	연극 비평지 봄	남구
8	하트 인부산	남구
9	오늘의문예비평	남구
10	FoMo (일제강제동원역사관 매거진)	남구
11	예술에의 초대	남구
12	부산미술	남구
13	라이따오부산	남구
14	공감 그리고	남구
15	예술부산	남구
16	문화정책 이슈페이퍼	남구
17	부산문학	동구
18	부산시인	동구
19	문화와 문학타임	동래구
20	문예창작	부산진구
21	인본세상	부산진구
22	비릿(Be lit)	부산진구
23	부산시조	부산진구
24	부산시단	부산진구
25	함께가는예술인	부산진구
26	어린이시조나라	북구
27	에세이문예	북구
28	소설의발견	사하구
29	한국동서문학	사하구

		발행지
30	장소시학	수영구
31	희망을 부르는 어린이	수영구
32	경우문예	수영구
33	수영성 마을잡지 푸조와 곰솔	수영구
34	안녕 광안리	수영구
35	인디고	수영구
36	인디고잉	수영구
37	보일라	수영구
38	비클립	수영구
39	어린이문예	수영구
40	비밀 영도	영도구
41	다리 너머 영도	영도구
42	시전문계간지 신생	중구
43	작가와 사회	중구
44	해양과 문학	중구
45	푸른글터	중구
46	좋은소설	중구
47	주변인과 문학	중구
48	부산생활문화매거진 B-LOCALLY (브로컬리)	중구
49	영주동마을신문 오르락내리락	중구
50	DRAW	해운대구
51	매거진 비·플랫	해운대구
52	문학/사상	해운대구
53	로컬퍼스트	해운대구
54	오늘의 좋은 소설	해운대구
55	영화부산	해운대구
56	송정길	해운대구
57	포엠포엠	해운대구

	주요 일간지	주소지
1	부산일보	동구
2	부산파이낸셜뉴스	동구
3	세계부동산경제신문	사상구
4	세계국민복지신문	사상구
5	세계문화예술연예인신문	사상구
6	유권자연맹신문	사상구
7	부산제일경제	수영구
8	글로벌환경신문	수영구
9	국제신문	연제구
10	영남매일신문	연제구
11	釜慶日報(부경일보)	연제구
12	영남신문	중구
13	영도독립신문	중구

	주요 주간지	등록 연도	주소지
1	기장일보	2016	기장군
2	업(UP)정보신문	1996	남구
3	오륙도신문	2014	남구
4	영남연합신문	2017	남구
5	e뉴스한국	2003	동구
6	노동복지뉴스	2015	동구
7	인쇄정보신문	2016	동구
8	국제기독신문	2008	동래구
9	한국사회보건복지신문	2011	동래구
10	주간 인물	1991	부산진구
11	제일부동산경제신문	1996	부산진구
12	건축사신문	1999	부산진구
13	교회복음신문	2009	부산진구
14	한국사회복지신문	2009	부산진구
15	사하신문	2014	사하구
16	주간 한국기독신문	1995	서구
17	부산경제	2007	연제구
18	한국소비자신문	2009	연제구
19	부산여성신문	2014	연제구
20	부산인터넷신문	2011	중구

부산의 미디어 생태계

지상파 TV		주소지
1	KBS한국방송공사 부산방송총국	수영구
2	부산문화방송	수영구
3	KNN	해운대구

지상파 라디오		주소지
1	부산교통방송	남구
2	부산불교방송	동구
3	부산CBS	부산진구
4	연제공동체라디오	연제구
5	원음방송	중구
6	부산가톨릭평화방송	중구
7	부산극동방송	해운대구
8	부산영어방송	해운대구

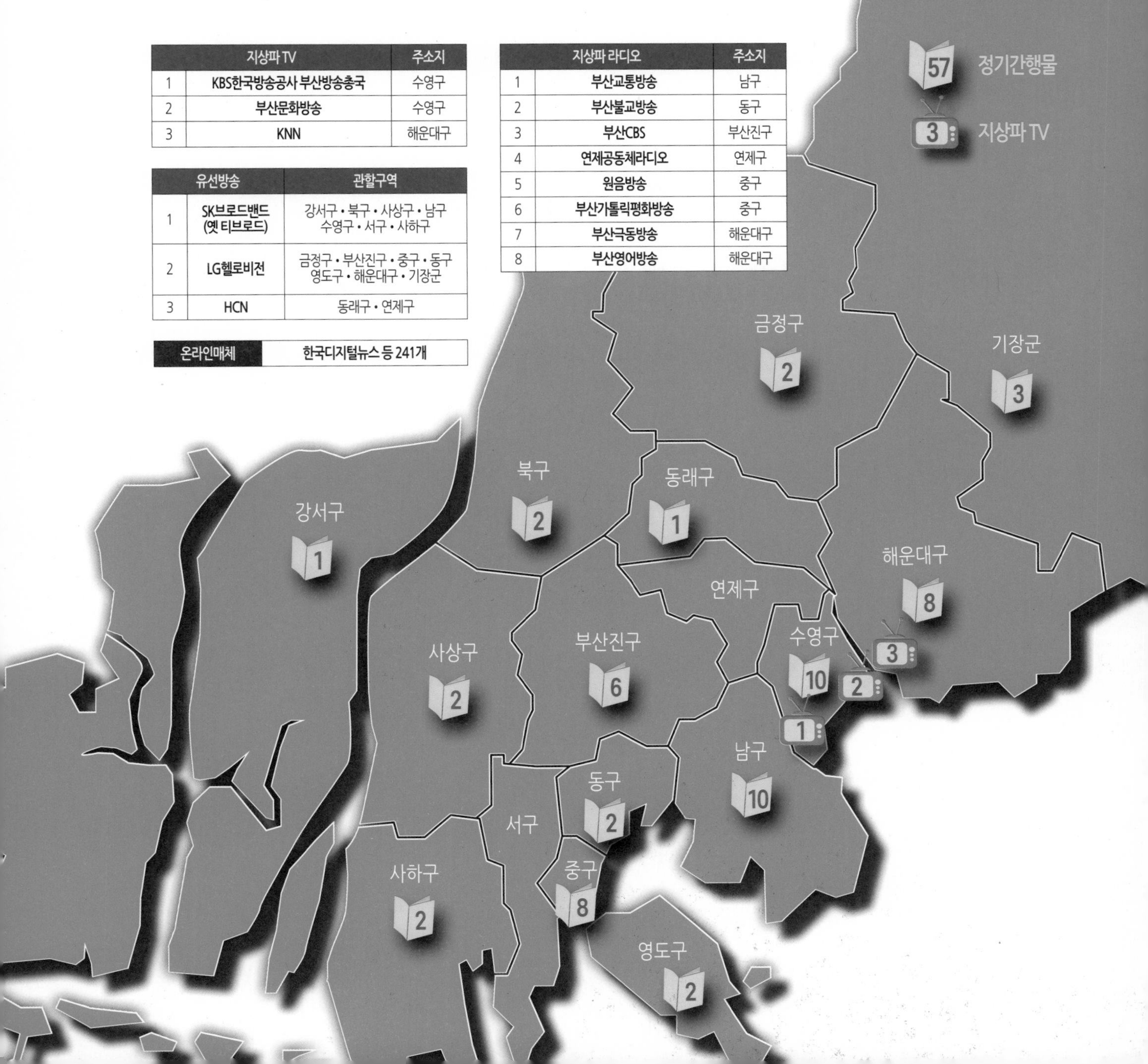

유선방송		관할구역
1	SK브로드밴드 (옛 티브로드)	강서구·북구·사상구·남구 수영구·서구·사하구
2	LG헬로비전	금정구·부산진구·중구·동구 영도구·해운대구·기장군
3	HCN	동래구·연제구

온라인매체	한국디지털뉴스 등 241개

57 정기간행물

3 지상파 TV

금정구 **2**

기장군 **3**

북구 **2**

동래구 **1**

강서구 **1**

해운대구 **8**

연제구

수영구 **10**

3

2

1

사상구 **2**

부산진구 **6**

남구 **10**

서구

동구 **2**

사하구 **2**

중구 **8**

영도구 **2**

턱없이 부족한
문화 인프라…
턱 낮춘
생활밀착형 공간

글 / 정달식

흔히 문화는 '뙤약볕 아래 나무 그늘 같은 존재'라고 한다. 문화가 시민과 늘 함께하는 것. 이는 수많은 도시가 꿈꾸는 미래상이며 문화예술의 참모습이다. 여기서 '시민의 문화예술 향유'는 바로 문화공간과 직결된다. 이 중 문화회관 혹은 문예회관 같은 공공 복합문화공간은 한 도시의 문화기반시설로 시민을 즐겁게 하고, 도시의 창의성을 높이는 데 이바지한다. 또한 이들 공간은 박물관, 미술관, 도서관과 함께 한 도시의 문화 인프라 수준을 살피는 맨 앞자리에 선다. 흔히 인구 대비 문화시설 수를 얘기할 때도 문화공간은 빠지지 않는다. 하지만 안타깝게도 부산의 문화기반시설 2020년 기준 은 인구 100만 명당 38.32개로 전국 17개 시·도 중 최하위이다. 이는 10여 년 전에도 그랬다. 이게 한 도시의 문화 수준을 살피는 완전한 척도는 아니지만, 문화에서만큼은 아직 부산의 갈 길이 멀다는 것을 의미한다. 나름 시민의 '문화 허기'를 채우기 위한 부산시와 지역 문화판의 노력은 계속되고 있다. 그러나 여전히 그 발길은 멀고도 더디다.

[변화의 움직임, 작지만 고무적이다]

10여 년 새 부산엔 영화의전당, 부산도서관 등 몇몇 대형 문화공간과 한성1918부산생활문화센터 이하 한성1918 같은 기존 공간을 리모델링한 문화공간이 들어섰다. 또 옛 한국은행 부산본부 건물과 부산근대역사관 건물을 리모델링해 선보이는 부산근현대역사관 2023년 12월 개관 예정 이나 부산국제아트센터 2025년 개관 예정 도 조만간 들어설 예정이다. 결론부터 얘기하자면, 그동안 복합문화공간이 획기적으로 증가하진 않았다. 그러나 작은 변화의 흐름은 읽힌다. 바로 특정 공간의 확장성과 다양성이다. 변화의 시도는 새로 건립된 도서관이나 박물관처럼 몇몇 전문 공간에서 보인다. 이를테면 부산도서관이나 국회부산도서관, 금샘도서관이다. 이들 도서관은 단순히 책을 읽고, 빌려주는 것에 안주하지 않았다. 전시나 공연, 교육 등 다양한 시설을 갖추고, 시민에게 다가왔다.

장애 예술인 전용 창작공간인 온그루는 그 자체로 복합문화예술공간이다. 여기서도 공간의 확장성이 보인다. 최근 부산문화재단과 시민, 지역 예술가들이 참여해 마련한 '2022 문화공유 네트워크: 다

F1963

F1963에서 열린 2017 부산국제즉흥춤축제 모습

함께, 가까이, 늘'과 같은 행사를 통해서다. 문화공유 네트워크에 참여한 20여 곳은 대부분 단일 공간이거나 독립된 공간이지만, 지역별로 6~7개 공간이 씨줄과 날줄이 돼 문화의 확장성을 꾀했다. 공간 연계, 공간 네트워킹을 통한 문화 공유의 확장 가능성을 보여주었다는 점에서 의미 있다고 하겠다.

또 있다. 민간과 공공의 만남을 통한 시너지 효과다. 우리는 F1963에서 이를 보았다. F1963은 고려제강과 부산시 부산문화재단에 위탁 가 운영한다. 이는 2016년 8월, 부산시와 고려제강의 복합문화공간 조성 업무협약 체결을 바탕으로 한다. F1963은 부산비엔날레를 비롯한 각종 문화행사 개최를 통해 그 저력과 힘을 보였다. 여기서 그치지 않고, 지역 예술가나 문화예술단체와의 지속적인 협업을 통해 지역문화예술 향유 공간으로서의 그 역할과 지평을 꾸준히 넓혀 왔다. 이런 흐름에는 경성대 콘서트홀도 그 맥을 같이 한다.

한성1918과 부산근현대역사관 같은 기존 공간의 활용도 눈엔 띈다. 천편일률적이었던 기존 공공 복합문화공간의 다변화라는 측면에서도 매우 고무적이다.

차별화된 콘텐츠로 주목받았던 부산시민회관의 '시민뜨락축제' '천원음악회' 등은 시민과 함께하는 문화예술을 제대로 보여준 예다. 공공 문화공간이 시민과 문화를 매개로 어떻게 소통해 나가야 하는지, 그 방향을 제시했다. 특히 야외광장에서 펼쳐진 '시민뜨락축제'는 공공 문화공간이 특정 공연이 있을 때만 찾는 곳이라는 기존의 인식을 180도 바꿔 버렸다. 또한 시민들에게 문화공간이야말로 사람들이 밤에만 북적이는 곳이 아니라 언제든지 가면 즐거운 곳, 살아 숨 쉬는 공간이라는 인식을 심어주었다.

시민 문화권을 보장하고 생활문화 활성화를 위해 만들어진 '생활밀착형 문화공간'인 생활문화센터는 '신문화지리지 시즌1 2009 '에선 없었다. 부산에는 광역생활문화센터인 한성1918을 비롯해 모두 21곳 광역 1, 기초 20 의 생활문화센터가 있는데, 이는 전국 7대 도시 중 가장 많다. 부산시는 2024년까지 기존 주민센터나 행정복지센터 등을 활용해 생활문화센터 20곳을 추가로 개관한다는 계획이다. 이

그림/ 이욱상

곳에선 다양한 생활문화활동이 펼쳐진다. 센터 하나로 보면 개별 공간이라고 할 수 있지만 지역에 기반을 둔 센터와 잘 연계한다면, 예상치 못한 시너지 효과를 기대할 수도 있다. 그렇다고 무작정 센터 수를 늘리는 게 능사는 아니다. 오히려 경기도나 대구, 인천처럼 먼저 내실을 다지는 게 더 중요하다. 관리·운영의 다변화와 전문인력의 투입을 통해 좋은 프로그램을 만들어내는 게 먼저다.

[시민을 중심에 놓고 연계·소통하라]

복합문화공간은 더 변해야 한다. 시민문화회관처럼 공공 복합문화공간이자 거점 문화공간은 하드웨어도 중요하지만, 소프트웨어가 더 중요하다. 이게 빈약하면 화려한 문화공간도 자칫 '빛 좋은 개살구' 꼴이 될 뿐이다. 문화공간은 앞서 언급했던 '시민뜨락축제' '천원음악회'처럼 시민의 마음을 훔쳐야 한다. 밤에만 불을 켜는 곳이 아니라, 낮에도 사람들이 북적이고, 장르별 벽도 허물고, 융복합도 시도되고, 테크놀로지 등을 활용한 입체적인 프로그램이 펼쳐지는 곳, 이게 복합문화공간들이 추구해야 할 방향이다. 그런 점에서 공공의 복합문화공간은 아직 갈 길이 멀다. 공간의 복합도 필요하지만, 내용 자체가 복합적인 새로운 시도들도 중요하단 얘기다. 문화계 한 관계자는 "시민에게 문화공간은 때론 아이에서부터 노인까지 세대를 불문하고 함께할 수 있는 시민의 문화 놀이터가 되어야 한다. 이는 일회성이 아니라 지속성으로 시민에게 끊임없이 다가가야 한다."고 단호하게 말했다.

문화회관 같은 공간은 지역 거점이 돼 문화적인 힘을 발휘해 줘야 한다.

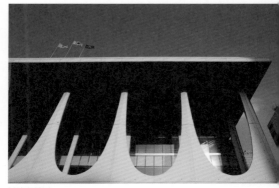

부산시민회관

부산예술회관

을숙도문화회관

동래문화회관

영도 어울림문화공원 문화예술회관

해운대문화회관

그러기 위해서는 공공 복합문화공간의 지향점은 당연히 시민이 중심이어야 한다. 이를테면 시민을 위한 문화교육이나 문화 아카데미 확대, 이에 따른 공간 확보 등 시민과 소통하는 다양한 방식들이 논의되고 시행되어야 한다.

또 복합문화공간이 살려면, 공간 대여나 임대 방식에서 벗어나 전문가나 외부 인력을 도입한 공간 운영을 적극적으로 펼쳐 나가야 한다. 최근 일부 문화회관에서 외부 기획 전문가를 채용하는 사례가 있긴 하지만, 여전히 상당수 문화회관은 전문성과는 거리가 멀다.

대관 중심에서 좀처럼 벗어나지 못하는 각 구·군의 문화회관은 부산문화회관처럼 재단법인으로 전환, 운영의 전문성과 효율성을 키워나갈 필요가 있다. 부산연구원 오재환 부원장은 "무엇보다 구·군 문화회관 같은 문화시설이 기획 또는 문화 전문인력을 강화하는 것은 궁극적으로 프로그램의 질적 향상으로 이어져 시민의 문화 향유 폭을 넓히는 데 이바지한다."고 말했다.

전문성을 통해 시민에게 좀 더 가까이 다가가는 노력도 필요하다. 더불어 시민을 위한 문화교육이나 문화 아카데미 확대, 이에 따른 공간 확보 등 시민과 소통하는 다양한 방식들이 논의되고 시행되어야 한다. 때로는 융복합 프로그램이나 실험적인 공연·전시도 펼쳐질 수 있어야 한다.

오재환 부원장은 "구·군 문화회관이나 시민회관 등이 중심이 돼 공동 콘텐츠를 만들고, 시민 생활중심의 공연 예술을 함께 펼쳐 나가는 문화 생태계를 구성해야 한다."고 조언했다.

각각의 문화공간은 씨줄과 날줄이 돼 문화의 질을 높이는 데도 기여해야

금정문화회관

한다. 부산문화회관 주변에는 시립박물관, 국립일제강제동원역사관, 유엔기념공원 등이 인접해 있
다. 공간끼리 연계하기에 너무나 좋은 환경이다. 하지만 이들 공간 간 기획이나 프로그램의 연계는
거의 이루어지지 않고 있다. 근거리에 있는 문화공간들이 연계와 협업을 활발히 펼친다면 이는 반
가운 일이다. 시민들에게는 입체적으로 다가갈 수 있는 기획을 선사할 수도 있다. 연계는 도시 문화
를 살찌우는 밑거름이다.

[공간 변화를 두려워하지 마라]

'문화 허기'의 한가운데는 문화 인프라 구축도 들어 있다. 앞서 보았듯이 부산 문화기반시설은 '전국

국립해양박물관

사상인디스테이션

한성1918부산생활문화센터

꼴찌' 수준이다. 이를 보면 일정 수준의 문화시설을 갖추는 것도 중요하다. 하지만 새 문화시설이 제 역할을 하는 게 더 중요하다. 공공 문화시설이 역할을 충분히 하기 위해서는 기획 단계부터 사전 수요추정, 시설과 규모, 사업 비용, 운영 프로그램 등이 면밀히 검토되어야 한다. 특히 운영의 지속성을 염두에 두어야 하며, 직접 운영할 주체를 미리 선정해 시설을 협의해 가는 것이 바람직하다. 또한 놓치지 말아야 할 중요한 요소는 시민과 소통을 원활히 하는 장소의 적정성이다.

이는 새 건물을 세우는 데도 적용되지만 문화공간의 시설 확장이나 기존 건물의 활용에서도 똑같이 적용된다. 사전에 방향성 수립을 위한 세밀한 분석이 있어야 한다는 얘기다.

한성1918부산생활문화센터는 공공 복합문화공간의 다변화와 함께 옛 건물을 리모델링해 활용할 수 있다는 측면에서는 좋았다. 하지만 건물 활용 계획 단계부터 치밀하지 못했기에 공간 사용이 부분적으로 제한적일 수밖에 없는 한계를 노출하고 있다. 요컨대 이 센터의 이용 대상자는 어린이부터 노인, 장애인까지 다양하지만, 옛 건물이다 보니 접근에 어려움이 있다. 부산문화재단 조형수 문화공유팀장은 "휠체어 접근도 어렵고 엘리베이터도 설치돼 있지 않아 장애인이나 노인분들의 이용에 어려움이 있다."고 말했다.

㈜가가건축 대표 안용대 건축가는 "새로 문화공간을 짓거나 기존 건물을 활용할 경우 모두 운영주체가 미리 정해져야 한다."면

부산문화회관 야외무대

서 "공간의 활용도를 사전에 검토하고 고민해야 시행 착오도 없고 공간 활용도 높아질 수 있다."고
말했다.

부산문화회관이나 부산시민회관처럼 공간이 특화되지 못하고 성격이 중복되는 것도 문제다. 또한
문화회관이나 문화원 같은 공공 복합문화공간은 종교시설 같은 엄숙함과 딱딱함에서 벗어나야 한
다. 이는 시민들이 쉽게 동화될 수 없게 만드는 요인으로 작용하고 있다. 해변이나 바다 등 부산의
자연 특징을 살리는 공간 활용도 지역의 공공 복합문화공간에겐 매우 중요하다.

세상의 도시는 문화도시를 꿈꾼다. 그 문화도시 한가운데 문화시설과 문화공간이 있다.

이제는 문화 인프라가 도시 얼굴을 바꾸는 시대가 됐다. 구체적으로 언급하지 않아도 세계 유수의

동래문화회관 야외놀이마당

문화 공간들이 이를 증명하고 있다. 문화판에 자주 인용되는 '빌바오 효과'라는 말도 그래서 생겼다. 하지만 새로운 문화공간이나 문화시설을 마련하는 게 말처럼 쉽지만은 않다. 당장 대규모 예산이 뒷받침되어야 하고 도심 속에 그만한 공간^땅을 확보하는 것도 쉽지 않다. 또 이런 공공 문화공간을 만들었다고 해서, 시민의 '문화 허기'가 곧바로 채워지고, '문화예술향유 기회'가 갑자기 많아진다는 보장은 없다. 하지만 '줄탁동시 啐啄同時'가 이루어진다면, 지역의 문화 발전은 결코 먼 일이 아니다. 공간 안에서는 끊임없이 시민을 바라보며 좋은 프로그램을 기획하고, 시민들은 이들 시설에 지속적인 이용과 관심을 가져준다면 말이다.

문예회관		
㉮1	금정문화회관	금정구 구서동
㉮2	대동골문화센터	남구 대연동
㉮3	동래문화회관	동래구 명륜동
㉮4	부산문화회관	남구 대연동
㉮5	부산민주공원	중구 영주동
㉮6	부산북구문화예술회관	북구 덕천동
㉮7	부산시민회관	동구 범일동
㉮8	부산여성문화회관	사상구 학장동
㉮9	부산예술회관	남구 대연동
㉮11	부산학교교육문화회관	부산진구 초읍동
㉮12	부산학생예술문화회관	북구 구포동
㉮13	영도문화예술회관	영도구 동삼동
㉮14	영화의전당	해운대구 우동
㉮15	을숙도문화회관	사하구 하단동
㉮16	해운대문화회관	해운대구 좌동

지방문화원(구·군)		
㉯1	(사)기러기문화원	남구 문현동
㉯2	(사)동다송문화원	수영구 남천동
㉯3	강서문화원	강서구 대저동
㉯4	금정문화원	금정구 구서동
㉯5	기장문화원	기장군 청강리
㉯6	남구문화원	남구 용호동
㉯7	동구문화원	동구 수정동
㉯8	동래문화원	동래구 명륜동
㉯9	부산진문화원	부산진구 부전동
㉯10	북구낙동문화원	북구 덕천동
㉯11	사상문화원	사상구 학장동
㉯12	사하문화원	사하구 하단동
㉯13	서구문화원	서구 아미동
㉯14	수영문화원	수영구 광안동
㉯15	연제문화원	연제구 거제동
㉯16	영도문화원	영도구 동삼동
㉯18	중구문화원	중구 대창동
㉯19	해운대문화원	해운대구 재송동

민속예술관		
㉰1	부산민속예술관	동래구 온천동
㉰2	수영민속예술관	수영구 수영동

기타		
㉱1	가톨릭센터	중구 대청동
㉱2	감만창의문화촌	남구 감만동
㉱3	경성대학교 예술관 콘서트홀	남구 대연동
㉱4	국립부산국악원	부산진구 연지동
㉱5	국립해양박물관	영도구 동삼동
㉱6	대룡마을	기장군 장안읍
㉱7	무지크바움	연제구 거제동
㉱8	문화골목	남구 대연동
㉱9	문화주소 동방	서구 암남동
㉱10	보수동책방골목문화관	중구 보수동
㉱11	복합문화공간 끄티	영도구 청학동
㉱12	복합문화공간 샘물자리	기장군 기장읍
㉱13	부산시민공원 문화예술촌	부산진구 연지동
㉱14	옛백제병원	동구 초량동
㉱15	비온후	수영구 망미동
㉱16	비콘(B-CON) 그라운드	수영구 망미동
㉱17	사상인디스테이션	사상구 괘법동
㉱18	서동예술창작공간	금정구 서동
㉱19	스페이스 움	동래구 명륜동
㉱20	예술지구 P	금정구 회동동
㉱21	창조문화활력센터	북구 구포동
㉱22	피아크	영도구 동삼동
㉱23	한성1918 부산생활문화센터	중구 동광동
㉱24	F1963	수영구 망미동

그림/ 심점환

기장군　㉠6

금정구　㉯4 ㉠1

기장군

해운대구　㉠12　㉯5

북구　㉯10 ㉯6 ㉠21 ㉯12 ㉠12

동래구　㉯1 ㉯8 ㉯3　㉠20 ㉠18 ㉠2

㉠19

㉠7

㉠11　연제구　㉯15　㉯19

부산진구　㉠4 ㉠13 ㉯9　수영구　㉠24 ㉠2 ㉠15 ㉠16 ㉠14　㉯14　㉠16

강서구

사상구　㉠17　㉯11　㉠8

동구　㉯7　㉠2　㉯1 ㉠7　남구　㉠3 ㉯8 ㉠9　㉯6

서구　㉯14

사하구　㉠15 ㉯12　중구　㉯13 ㉯1 ㉯23 ㉯10 ㉯1　㉠6 ㉯2

영도구　㉯1 ㉠22 ㉠7 ㉠9　㉯16

그림/ 김성철

아파트 숲에
갇힌 도시
사람 중심 건축으로
숨통 틔워라

글 / 정 달 식

동아대박물관

싱가포르는 건축물에 대한 자부심이 강하다. 싱가포르를 찾는 관광객 중엔 건축물을 보려고 찾아온 이가 많다. 그곳에선 '도시를 상징하는 아이콘'이 건축물일 정도다. 마리나베이 샌즈호텔, 에스플러네이드, 아이온 오차드, 가든스 바이 더 베이, 러닝 허브, 더 인터레이스 같은 건축물이 이를 말해 준다. 크고 웅장한 건물도 많지만, 개성 있는 디자인을 자랑하고, 창의적이고 친환경적인 건물들도 많다.

그렇다면 부산 하면 떠올릴 수 있는 건축물, 누군가에게 선뜻 추천해 줄 만한 건축물은 과연 얼마나 될까? 필자는 특정 건축물을 보기 위해 부산을 방문했다는 관광객을 거의 듣지 못했다.

[부산 건축의 현주소]

건축 전문가들은 흔히 부산의 도시 건축에 대해 "건축이 가지는 다양성이 상당히 결여돼 있으며, 부산의 정체성을 보여 주는 건축물이 없다."고 말한다. 동네마다 용적률과 층수만 조금씩 다를 뿐 건축의 차이를 좀처럼 발견할 수 없는 게 부산의 현주소다. 사각형 틀과 특색 없는 건물들이 도시의 인상이 된 지 오래다. 건물은 줄지어 있지만, 부산이라는 도시 정체성을 담은 건축물을 찾기는 더더욱 어렵다. 그 이유는 뭘까. 동의대 건축학과 이태문 교수는 "그 중심에 사람이 아닌 물질이 있기 때문"이라고 단도직입적으로 얘기했다.

부산이란 도시 속 건축은 한마디로 산만하다. 해안가는 높은 건폐율과 용적률을 향한 열망으로 하늘 높이 솟아 있다. 주위와의 조화는 크게 신경 쓰지 않는다. 주변과 단절돼 있거나 서로를 배척한 채 각자의 존재감을 뽐내며 우뚝 서 있다. 건물은 튀기만 할 뿐 배려나 존중은 사라진 지 오래다. 도시 곳곳이 건축주의 욕망이나 자본에 굴복해 버렸다. 아파트 건립으로 학교 통학로가 갑자기 사라지는 게 현실이다. 도시 주거 공간은 새것 바꾸기에 바쁘다. 세월이 조금 흘렀다 싶으면 재개발, 재건축이라는 이름으로 빠르게 교체된다. 대한민국의 도시라면 비슷하겠지만, 부산은 유독 심하다. 평지에서 산 중턱까지 천편일률적인 아파트가 도시를 온통 잠식해 버렸다. 마치 이쪽에서 '컨트롤

C'해서 저쪽에 '컨트롤 V'해 채워 넣은 느낌이다. 그곳엔 소통 대신 불통이, 접촉 대신 접속만이 있을 뿐이다. 그나마 '카페 건축'이 무표정한 도심에 자극제가 되고 있어 반갑다.

[의미 있는 부산의 건축들]

부산에도 잘 찾아보면 깊은 여운과 울림을 주는 건축물이 있다. 대표적인 게 청소년 자립생활공간으로 복지시설의 고정관념을 깬 수국마을과 폐교를 리모델링해 놀랄 만한 공간 변신을 가져온 알로이시오기지1968이다. 두 곳 모두 같은 건축사사무소에서 설계했다. 동아대 건축학과 김기수 교수는 "수국마을은 중앙에 복도를 두고 옆으로 기숙사를 배치했던 기존의 형태에서 벗어나 새로운 기숙사 유형을 제시해 사회에 깊은 울림을 주었고, 10년이 넘게 걸린 프로젝트 알로이시오기지1968은

수국마을

알로이시오기지1968

옛 백제병원

오륙도 가원

건축주, 사용자와 지속적인 대화를 통해 오래된 학교 건물을 완성도 높은 재생 공간으로 탈바꿈시켰다."고 설명했다. 무엇보다 두 작품 모두 사용자에 대한 배려가 돋보이는 건축으로 평가받는다.

부산의 자연과 바다 환경을 활용해 이를 건축물에 잘 녹여낸 것도 있다. 바로 오륙도 가원이다. 경사진 계곡 아래 움푹 들어간 곳에 탁 트인 바다를 마주하고 앉은 레스토랑이다. 자연이 지닌 지형 지세를 최대한 살리고 거기에 인공의 요소를 최대한 절제하려 애썼다. 안용대 가가건축사무소 대표 건축가는 "오륙도 가원은 부산다운 건축상에 가장 부합하는 건축물이라고 생각한다. 자연과 풍경 속에 살짝 얹어 놓은 듯 차분하고 안정적이며, 여기에 더해 건축의 세밀함도 놓치지 않아 건축적 완성도가 높은 작품이다."고 평했다.

이뿐만이 아니다. 키스와이어센터, 크리에이티브센터, 모여가 주택, 레지던스 엘가, F1963, 옛 백제병원, 문화골목, 동아대 박물관 등도 건축적 혹은 사회적으로 의미 있는 건축물이다. 키스와이어센터는 기업이 가진 것을 지역 사회에 어떻게 잘 드러낼 것인가에 대한 고민의 흔적과 그 방향성을 잘 읽어낸 건축물이다. 기장 임랑문화공원 ^{박태준기념관} 이나 영도의 아레아식스도 비슷한 범주에 속한다. F1963이나 옛 백제병원, 동아대 박물관은 과거 건축자산을 되살렸다는 점에서 또 다른 의미를 가진다. 옛 백제병원은 개인, 동아대 박물관은 사적재단, F1963은 민간 기업이 각각 소유하고 있지만, 모두 도시가 가진 정체성을 계속 이어 나가려고 노력하고 있다는 점에서 '도시의 빛' 같은 존재다.

세대별로 각기 다른 모양을 보여준 모여가 주택이나 세대별 마당이 있는 집을 선보인 도심형 생활주택 레지던스 엘가는 공동주택의 새로운 형태를 보여주었다. 크리에이티브센터는 전통 건축과 현대 건축의 조화가 빛난다. 그러면서도 한국의 건축 정체성을 단단히 붙잡고 있다. 시시각각으로 변하는 빛과 바람의 깊이감도 이곳에선 느낄 수 있다. 문화골목은 쇠퇴해 가는 지역에 새롭게 의미를 부여해 활성화한 경우다. 문화라는 상큼한 공기를 도심 골목에 불어넣었다. 폐건축 자재를 재활용해 향후 부산이 지향해야 할 도시재생의 모델을 제시했다. '문화란 골목에서도 거리에서도 공연장에서도 살아 숨쉬어야 한다'는 명제를 직접 실천하고 있는 곳이다.

부산 도시 건축에서 영화의전당은 빼놓을 수 없다. 안용대 건축가는 "건축적 디테일에서는 조금 떨어지지만, 그래도 센텀시티란 새로운 도시 공간과의 조화, 실험성, 국제공모의 실현, 공간의 다채로운 경험, 빅 루프 아래 비

키스와이어센터

임랑문화공원(박태준기념관)

동아대박물관

문화골목

레지던스 엘가

워진 마당 등 건축적으로는 몇몇 의미를 갖는다. 다만 옆 APEC나루공원과의 연계성 등에 있어서는 아쉬움이 크다.”고 말했다.

요지는 건축적으로나 사회적으로 의미 있는 이들 건축물이 긴 생명력을 갖기 위해서는 건축 공간이 시민의 삶 속에서 함께 호흡하며 숨쉬는 곳이 되어야 한다는 것이다.

[부산 건축의 질적 향상 어떻게]

앞에서 언급한 건축물 중에는 ‘부산(다운) 건축상’ 수상작이 많다. 2003년부터 시작된 부산 건축상은 벌써 20년째를 맞았다. 수상작만 해도 무려 200작품이 넘는다. 이는 건축상 수상작이 적어도 연평균 10작품 이상이라는 것을 의미한다. 그런 점에서 부산 건축상이 부산 건축의 활성화에 기여해 온 것은 사실이다.

영화의전당

하지만 부산 건축상이 존중받고, 높게 평가받는지는 의문이다. 오히려 상 명칭이 변경되고, 선정 과
정이나 시상 목적 등의 불분명 때문에 그 권위와 명성은 점점 퇴색하고 있다. 최근 지역 건축가들이
부산 건축상을 바로 세워야 한다고 목소리를 높이는 이유도 바로 여기에 있다. 상의 권위를 높이는
것은 궁극적으로 부산 건축의 질적인 향상을 이루는 일이다. 그래서 이들의 목소리가 반갑다.
김기수 교수는 "무엇보다 부산(다운) 건축상을 주는 목적이 불분명하다. '부산다운'의 개념도 명확
하지 않다. 부산 건축상에 금·은·동이 있는데 마치 경기하는 느낌을 받는다. 상을 주는 이도 모호하
다. 이게 부산 건축상의 권위를 추락시키는 요인이다."고 꼬집었다.

부산 건축상의 권위를 세웠다고 해서 곧바로 부산 건축이 질적으로 한 단계 높아지는 건 아니다. 단지 '지렛대 효과'는 있다. 이와 맞물려 도시 건축에 대한 진지한 고민도 필요하다. 부산시총괄건축가, 부산건축정책위원회, 부산국제건축제 등이 함께 머리를 맞대야 한다. 도시 건축 발전을 위한 담론의 장도 활발해야 한다. ㈜싸이트플래닝건축사사무소 한영숙 대표는 "몇 년 전까지만 해도 건축 담론이 활발했다. 지금은 담론의 장이 잘 보이지 않는다. 부산 도시 건축을 좀 더 살찌우기 위해서라도 담론의 장이 활발하게 펼쳐져야 한다."고 말했다.

[부산 건축이 나아갈 방향은]

세계는 지금 도시 경쟁력이 곧 국가 경쟁력이 되는 시대가 됐다. 창의적인 문화 콘텐츠로 도시의 면모를 새롭게 과시하는 도시가 있는가 하면, 자연과의 공존을 부르짖으며 세계 전면에 나서는 도시도 있다. 그 중심에 도시 건축이 있다.

부산 도시 건축은 부산의 정체성을 놓치지 말아야 한다. 부산이란 도시가 가진 역사와 고유한 문화, 자연 환경적 특성 말이다. "부산은 자연과 바다, 해양의 도시이면서 자연이나 물을 잘 다룬 건축물이 없다. 다만 강이나 바다를 바라보는 아파트나 건물만 있을 뿐이다." 김기수 교수의 지적이다. 일본만 해도 우리와 다르다. 자연 활용이 너무나 뛰어나다. 일본 요코스카 미술관, 일본 폴라미술관이 말해 준다. 폴라미술관은 마치 자연 안에 미술관이 쏙 들어가 있는 느낌이다. 자연과 건축, 예술의 공생이랄까. 김기수 교수는 "자연과 예술, 건축이 공생하는 것, 이런 기대를 부산이라는 도시 건축에서 느껴보았으면 한다."고 말했다.

행복한 도시와 그렇지 못한 도시의 가장 큰 차이는 공적 공간에 대한 인식에서 출발한다. 이를테면 부산이라는 도시에서 대표적인 공적 공간은 바다. 한데 물리적인 건축물에 의해 바다를 바라볼 수 없다면, 그건 결코 행복한 도시라 할 수 없을 것이다. 행복한 도시는 독점이 아니라 공존이다.

산과 강, 바다를 끼고 있는 부산의 자연환경은 세계 어디에 내놔도 손색없다. 이제는 부산의 건축이 이를 도시 건축에 자연스럽게 담아내는 일만 남았다. 이를 위해서는 건축가도, 건축주도, 부산다운 건축의 패러다임도 바꾸어야 한다.

영국의 건축가 리차드 로저스는 "건축은 사람들이 일상에서 끊임없이 접하는 예술 형태"라 했다. 하지만 부산이라는 도시에서 이 말은 어떻게 들릴까?

흔히 우리가 '집을 짓는다'라고 할 때 '짓는다'는 개념 속에는 단순히 물리적 형태를 만든다는 의미만 있는 게 아니다. '농사를 짓다' '밥을 짓다' '약을 짓다' '옷을 짓다' '눈웃음을 짓다' 처럼 '짓다' 혹은 '짓는다'에는 '정성을 다한다'라는 개념이 포함돼 있다. 모름지기 건축은 정성을 쏟아야 하는 일이다. 누군가는 말했다. "건물 지을 바닥을 다지기 전에 땅의 깊이를 먼저 생각해야 하며, 벽을 세우기 전에 이웃하고 있는 사람과 자연을 먼저 배려해야 한다. 또한 천정을 덮기 전에 더 넓은 하늘을 의식해야 한다."고. 여기에 한마디 덧붙이자면, 이젠 우리가 발 딛고 사는 도시도 살펴야 한다.

도시의 삶은 근본적으로 함께 살아가기이다. 비좁은 도시에서 삶이 서로 맞닿아 있을 수밖에 없다면, 공존하고 배려하는 지혜가 필요하다. 건축은 바로 이런 관계성을 만들고 구현해 낼 수 있어야 한다. 이렇게 만들어지는 도시는 더할 나위 없이 그윽하고 아름답다. 하지만 부산이란 도시는 여기서 한참 벗어나 있다. 옛 하야리아 공원 건물, 적산가옥, 영화관 등 도시의 기억이나 정체성을 마구잡이로 지워 버리는 어리석음은 이제 더 이상 없어야 한다.

부산의 도시 건축이 좀 더 건강해지려면 사회적 약자를 배려하는 건축물, 친환경적인 건축물도 필요하다. 더불어 도시 건축은 인간적인 커뮤니티가 성장하는 곳으로 도시를 만들어 나가야 한다. 여기에 사회적 울림까지 준다면 덤이다. 도시 건축은 시민의 희망 사항을 반영하고, 미래지향적이어야 한다. 여기에 미적 완성도와 안전성까지 갖춘다면 더할 나위 없다. 욕심을 더 내자면 지역의 자연과 잘 어울리고 지역이 가지고 있는 역사까지 반영한다면 최고다. 그런 건축물이 많을수록, 사람들은 자신의 도시에 더 만족하고 행복해 할 것이다.

도시의 입장에서 보면 개별 건축물의 진화는 도시 발전의 작은 움직임에 불과할지 모른다. 하지만 이게 지속적으로 모이고 확장되면 도시 이미지를 바꾼다. 동명대 이승헌 실내건축학과 교수는 "잘 만들어진 건축 공간은 한 사람의 마음을 편안하게 해줄 뿐 아니라, 사회 전체에 좋은 에너지를 보급 하는 샘이 될 수 있다."고 했다. 부산 도시 건축, 이제 변할 때다.

황령산에서 바라본 부산 전경

	연도	건축명	소재지	비고		연도	건축명	소재지	비고
\multicolumn{5}{l}{부산(다운) 건축상 연도별 주요 수상작}						
1	2003	태종대 성당(비주거)	영도구 동삼1동	금상	25	2015	금융센터 디온플레이스	남구 문현동	금상
2	2004	부산유스호스텔(비주거)	해운대구 우동	금상	26		UN평화기념관	남구 대연동	금상
3	2005	누리마루 APEC하우스(일반)	해운대구 우동	금상	27	2016	삼화피티에스(주) 본사(일반)	금정구 서동	대상
4		부산제일교회문화센터(공공기여)	북구 화명동	금상	28		다섯나무그루(일반)	동구 초량동	금상
5	2006	한진중공업 사옥(일반)	중구 중앙동	금상	29		영도해돋이마을 풍경나무(공공)	영도구 청학동	금상
6	2007	남구청사(일반)	남구 대연6동	금상	30	2017	오시리아 관광단지 프리미엄콘도(일반)	기장군 기장읍	금상
7	2008	문화골목	남구 대연3동	대상	31		부전교회 글로컬비전센터(일반)	동래구 사직동	금상
8		DIO센텀사옥 공장(일반)	해운대구 우동	금상	32		감천문화마을 방가방가 게스트하우스 및 마을지기사무소(공공)	사하구 감천동	금상
9		국립부산국악원(공공)	부산진구 연지동	금상	33	2018	금정구 청년창조발전소(공공)	금정구 장전동	대상
10	2009	센텀시티신세계UEC	해운대구 우동	대상	34		민락동근린생활시설(일반)	수영구 민락동	금상
11		부산영상후반작업시설(공공)	해운대구 우동	금상	35		일광면근린생활시설(일반)	기장군 일광면	금상
12	2010	부산극동방송	해운대구 재송동	대상	36		도시민박촌 이바구 캠프(공공)	동구 초량동	금상
13		동남권원자력의학원(공공)	기장군 장안읍	금상	37	2019	덕천동 근린생활시설 Being(일반)	북구 덕천동	금상
14		김성식 치과(일반)	연제구 연산9동	금상	38		강서 기적의 도서관(공공)	강서구 명지동	금상
15	2011	아미산전망대	사하구 다대동	대상	39	2020	민들레유치원(일반)	동래구 온천동	금상
16		오륙도 가원	남구 용호동	금상	40		Tide away(일반)	기장군 기장읍	금상
17	2012	영화의전당	해운대구 우1동	대상	41	2021	알로이시오기지1968(일반)	서구 암남동	대상
18		벡스코 제2전시장 및 오디토리움	해운대구 우동	금상	42		아레아식스(일반)	영도구 봉래동	금상
19		국립해양박물관	영도구 동삼동	금상	43		임랑문화공원·박태준기념관(공공)	기장군 장안읍	장려상
20	2013	강서브라이트센터	강서구 대저2동	금상	44	2022	밀락더마켓(민간)	수영구 민락동	대상
21		라임유치원	강서구 명지동	금상	45		삼현 HQ(민간)	수영구 광안동	금상
22	2014	키스와이어센터(일반)	수영구 망미동	대상					
23		수국마을(일반)	서구 암남동	금상					
24		레지던스 엘가(일반)	북구 화명동	동상					

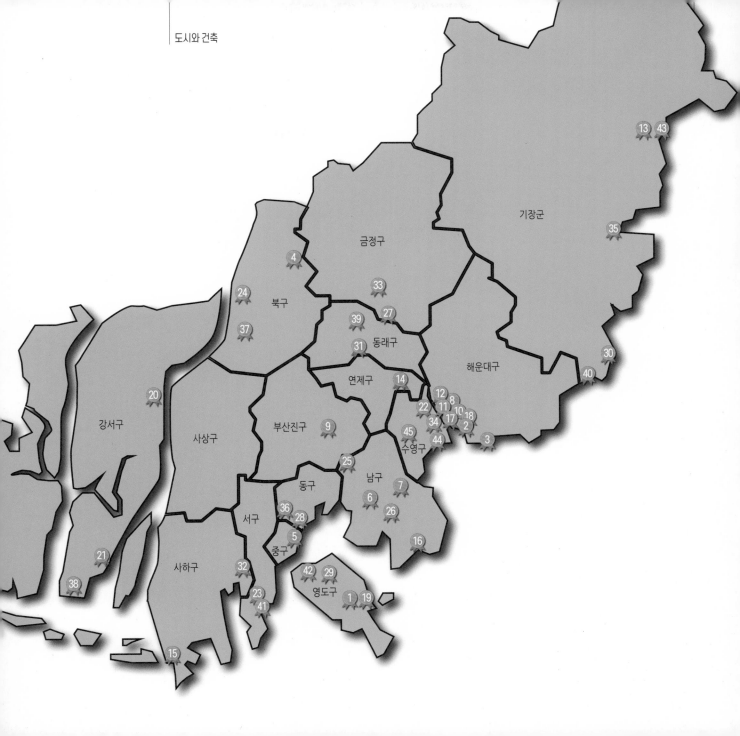

기장군

금정구

북구

동래구

연제구

해운대구

강서구

사상구

부산진구

수영구

남구

동구

서구

중구

사하구

영도구

해운대 집중에서
슬세권 으로…
일상까지 스며든
미술

글 / 오 금 아

2022 아트부산

미술이 시민의 일상 가까이 다가가고 있다. 부산의 전시공간은 '해운대 집중'에서 벗어나 부산 전역으로 퍼져 나가고 있다. 1998년 부산시립미술관이 개관하고 20년이 되는 해인 2018년 부산현대미술관이 문을 열었다. 부산은 동부산과 서부산에 각각 하나씩, '양대 시영 미술관 체제'를 갖추게 됐다. 복합문화공간, 갤러리 카페 같은 다양한 형태의 전시공간이 새로 생겨나며 시민이 미술을 접하는 기회가 늘어나고 있다. '아트테크' 열풍으로 아트페어를 찾고, 미술 작품 구입에 관심을 갖는 사람도 많이 늘었다. 부산비엔날레와 바다미술제, 지역의 미술관이나 갤러리에서 열리는 전시까지 부산 미술을 바라보는 외부 시선도 바뀌고 있다.

[해운대, 수영, 그리고 부산 전역]

'신문화지리지 시즌1 2009'에서는 부산 전시공간 121곳이 소개됐다. 13년이 지난 지금 시즌1에 비해 전시공간의 숫자는 배로 늘었다. 코로나19 팬데믹으로 전시를 쉬거나 이전을 준비 중인 화랑, 또한 작가들이 직접 만든 공간이나 공방, 갤러리 카페까지 더하면 실제 전시공간의 숫자는 훨씬 더 많을 것이다.

시즌1에 보도된 부산 전시공간 지도가 '해운대와 해운대 이외'로 나뉘는 경향을 보였다면, 지금은 '해운대, 수영, 그리고 부산 전역'으로 전시공간이 확산되는 추세다. 특히 '새로운 갤러리 지대'로 부상한 수영구의 변화가 눈에 띈다. 수영구는 복합문화공간인 F1963 일대, 망미골목, 민락·광안리 라인으로 나뉜다.

㈜고려제강의 와이어공장이었던 F1963은 2016년 부산비엔날레 전시장으로 활용되며 주목 받았다. 문화적으로 재생된 공장부지 중 전시공간으로 활용되는 곳은 석천홀, 국제갤러리 부산점, 현대모터스튜디오 부산이 있다. 석천홀의 경우 부산문화재단이 연간 150일가량 사용한다. 나머지 기간엔 F1963 자체 기획전이나 행사 등이 열린다. 석천홀 옆에 위치한 국제갤러리 부산점은 2018년에 생겼다. 당시 국제갤러리는 부산점 개관 배경에 대해 "부산이 부산비엔날레, 아트부산 아트페어 등 유의

미한 미술 행사를 성황리에 개최하며 예술, 문화의 중심지로 급성장하고 있기 때문"이라고 밝혔다. 현대모터스튜디오 부산은 2021년 봄에 오픈했다. 현대 자동차의 브랜드 스페이스인 현대모터스튜디오 중 여섯 번째로 만들어진 곳으로, 디자인 테마 전시공간이다. 이곳은 다양한 전시 연계 프로그램으로 청년 디자이너들을 부산으로 불러들이고 있다.

F1963과 도로 하나 건너에 위치한 엘올리브 레스토랑 주변으로도 새로운 화랑가가 형성됐다. 2020년 PDM파트너스 사옥에 입주한 오브제후드를 시작으로 ㈜경일 사옥에 위치한 워킹하우스뉴욕 부산, 2022년 2월 문을 연 갤러리이배까지 각기 다른 개성을 갖춘 갤러리가 모였다. 워킹하우스뉴욕은 주류 미술의 흐름을 벗어난 '아웃사이더 아트' 등 새로운 경향의 작품을 선보인다. 지역 중견화랑인 갤러리이배는 마린시티에서 민락동을 거쳐 현 위치로 이전했다. 아트부산의 사옥도 인근에 위치해 있다. 또 민락역과 수영역 방향으로 소형 갤러리, 대안공간 등이 자리 잡고 있어 부산의 새로운 화랑 집적지 '수영강변'의 존재감은 더 두드러진다.

도시철도 3호선 인근 망미·수영동을 아우르는 망미골목은 F1963·수영강변 일대와는 성격이 또 다르다. 비온후 책방 안에 위치한 '전시공간 보다'와 미술 작가가 직접 운영하는 아트랩·현대미술회관·전시공간 영영 등 작지만 개성 있고, 실험성이 강한 공간이 많다. 비콘그라운드와 장애예술인 창작공간 온그루까지 망미골목 일대는 '다양성을 품는 예술지구'의 모습을 보여준다. 수영강 하구에서 광안리 해변으로는 지역 기반의 중소 화랑들이 속속 들어서고 있다. 과거 부산의 화랑은 중구에서 시작해 광안리·서면을 거쳐 달맞이 언덕과 해운대 해변에 집중됐다. 이후 주요 컬렉터의 주거지 변화에 따라 마린시티와 센

F1963 석천홀

수영강변 갤러리 지대

장애예술인 창작공간 온그루

오픈스페이스배

18-1갤러리카페

랄프 깁슨 사진미술관

텀시티까지 화랑이 진출·이동하는 흐름을 보여줬다. 또 반대쪽으로는 청사포, 송정을 거쳐 기장까지 화랑이 퍼져 나가고 있다. 기장은 해운대 등에 비해 상대적으로 적은 비용으로 넓은 공간을 쓸 수 있고, 작가 작업실 등이 포진해 있다는 것이 장점이다. 신도시 형성과 동해선 개통, 해안선을 따라 관광지 개발이 이뤄지고 있는 점도 영향을 준 것으로 보인다.

최근 미술시장이 호황을 맞이하며 달맞이 언덕 일대도 다시 살아나고 있다. 2023년 1월 현재 달맞이 언덕에는 10곳 이상의 갤러리가 모여 있다. 조현화랑은 리모델링으로 달맞이 전시장을 업그레이드했고, 갤러리휘, 어컴퍼니 등이 2022년 새로 문을 열었다. 2019년 준공한 엘시티에는 5곳의 갤러리가 들어서며 달맞이 언덕과 해운대 해변의 두 갤러리 지대 '연결고리' 역할을 한다.

원도심 지역의 변화도 눈에 띈다. 상업화랑 갤러리H ^{보수동}, 비영리 공간 오픈스페이스배 ^{동광동}. 두 곳 모두 2019년 해운대에서 중구로 이전했다. 영주동에서는 달리미술관, 대청동에서는 갤러리보명, 복병산작은미술관 ^{부산광역시중구문화원}, 중앙동에서는 18-1갤러리카페 등이 운영 중이다. mM아트갤러리 ^{광복동} 와 갤러리 플레이리스트 ^{중앙동} 도 2022년 중구에 새로 문을 열었다. 중구는 상업·공영·대안 전시공간이 어우러진다는 특징이 있다. 이와 별개로 영도구 동삼동에 2023년 7월 몰입형 미디어아트 전시관 '아르떼뮤지엄 부산'이 만들어진다. 아르떼뮤지엄은 제일그룹이 운영하는 복합문화공간 피아크 옆에 들어선다.

2015년 이후 동구 갤러리수정, 중구 갤러리네거티브·구박갤러리, 금정구 아트스페이스 이신, 해운대구 안목갤러리 등 사진을 전문적으로 다루는 전시공간도 속속 생겨났다. 2007년 개관한 고은사진미술관 ^{고은문화재단} 은 2015년 BMW포토스페이스에 이어 2022년 10월 초현실주의 거장 랄프 깁슨을 기념하는 사진미술관을 세계 최초로 만들어 시선을 끌었다. 랄프 깁슨 사진미술관 설립을 계기로 '예술사진의 새로운 거점 부산' 만들기도 더 활발하게 진행될 것으로 보인다. '사진도시 부산'의 부상에 대한 기대감도 커진다.

[미술관, 미술…관(官)의 변신]

최근 10여 년간 공공 분야에서 가장 큰 뉴스는 부산현대미술관 개관이다. 부산 사하구 을숙도에 들어선 부산현대미술관은 동부산에 치우친 문화시설의 새로운 축을 서부산에 만들었다. 환경·뉴미디어·인간을 주요 의제로 한 공립미술관이자 부산비엔날레 주전시장 역할을 하는 부산현대미술관의 등장은 서부산권 미술 지형에 영향을 줬다. 부산현대미술관은 개관 5주년이 되는 2023년을 맞아 지역성에 기반한 새로운 담론을 생산·공유·확산해 동시대성을 이끌고, 다양한 세대와 세계를 잇는 미래형 미술관을 만들어나가겠다는 목표를 밝혔다.

2015년 부산시립미술관 별관인 이우환 공간이 문을 열었다. 이우환 공간은 일본 나오시마에 이어 세계 두 번째, 국내 첫 번째로 만들어진 공간이다. 이우환 공간 설립을 계기로 부산시립미술관은 '이우환과 그 친구들'이라는 이름으로 안토니 곰리, 빌 비올라, 크리스티앙 볼탕스키, 무라카미 다카시 등 세계적 작가의 전시를 개최했다. 부산시립미술관은 2023년을 '리노베이션의 해'로 정했다. 자동 항온·항습 시스템 부재, 시설 노후화 문제 등을 해결하고, '21세기형 글로컬 미술관'으로 다시 태어나기 위해 2024년부터 리노베이션을 위한 임시 휴관에 들어갈 예정이다. 휴관에 대비해 소장 아

부산현대미술관

부산시립미술관

카이브 디지털화 사업, 메타버스 어린이갤러리 개관 등이 진행되고 있다. 부산시립미술관이 부산과 부산미술이라는 정체성을 기반으로 한 미래형 문화예술 혁신공간 만들기라는 과제를 어떻게 완성해 낼 것인지 미술계의 관심이 높다.

1996년 한광미술관, 2009년 킴스아트필드미술관에 이어 2012년 고은사진미술관, 2018년 디오티미술관, 2021년 KT&G상상마당이 부산시 등록 사립미술관에 이름을 올렸다. 대학의 경우 경성대 미술관과 동아대 석당미술관에 이어 2022년 동서대가 미디어아트 갤러리를 오픈했다.

전시 기능을 적극적으로 품는 공공시설도 늘어났다. 공공시설 활용은 상대적으로 전시공간이 부족한 지역에서 두드러진다. 2020년 사상구에 문을 연 부산도서관은 개관 초부터 꾸준히 기획전을 열고 있다. 사하구에는 2013년 홍티아트센터, 2017년 홍티예술촌이 설립돼, 서부산 미술 창작거점으로 자리 잡았다.

부산청년비엔날레, 바다미술제, 부산국제야외조각심포지엄 등 부산에서 자생적으로 탄생한 3개 국제 전시를 통합한 부산비엔날레는 부산의 지역성을 전시에 녹여내는 경향을 보여주고 있다. 2020년 부산비엔날레는 부산을 소재로 쓴 15편의 문학 작품에 시각예술, 음악을 결합해 팬데믹 시대 전시

고은사진미술관

홍티아트센터

의 새로운 모델을 보여줬다. 2022년에는 '물결 위 우리'라는 주제로 부산의 지형과 역사를 세계와 연결해 호평을 받았다. 특히 2022 부산비엔날레를 통해 부산항 제1부두 창고가 시민에 처음 공개됐다. 2011년 부산비엔날레에서 다시 분리된 바다미술제는 송도와 다대포를 거쳐 2021년에는 기장군 일광해수욕장에서 열렸다. 부산비엔날레조직위원회는 2021년부터 국제 공모로 바다미술제 전시감독을 선정하고 있다.

2020 부산비엔날레

[작가도 성장하는 공간으로]

부산미술계에서 상징적 존재였던 대안공간 반디가 2011년 문을 닫았지만, 대안 예술공간을 모색하는 움직임은 부산 전역에서 이어지고 있다. 2006년 기장군에서 시작한 오픈스페이스배는 해운대를 거쳐 중구 동광동에 있는 오래된 다세대주택에 새 둥지를 틀고, 아티스트 인큐베이팅 프로그램 등을 펼치고 있다. 2014년 출범한 수영구 공간힘은 기획전과 아티스트워크숍, 부산국제비디오아트페스티벌 등으로 활발한 움직임을 보인다. 53년 역사의 영주아파트에 자리한 비영리 대안공간 영주맨션도 전국적으로 유명하다. 작가와 기획자가 손잡고 만든 영주맨션은 여성 예술인을 위한 공구워크숍, 공모전, 지역작가의 작업 세계를 조명하는 기획전 〈경첩의 축〉 등을 진행 중이다. 부산자연예술인협회가 만든 금정구 '복합문화예술공간 머지?'는 국제교류전도 기획한다. 2020년 영도구로 옮긴 레트로덕천, 전포카페거리에 들어선 복합문화공간 별일은 전시와 문화예술 프로젝트를 진행한다. 지역작가에게 전시 기회를 제공하는 동구의 아이테르, 신진작가와 기획자가 함께한 남구의 프로젝트스페이스 릴리스도 열심히 활동하고 있다.

2021 바다미술제

2022년 말 지역 작가 두 명이 산복도로에 직접 전시공간을 만들어 시선을 끌었다. 지역 중견 화가 방정아 작가는 좌천동 작업실 근처에 미술공간 제이작업실을 개관했다. 주택을 개조한 작업실 일부를 전시공간으로 개방해 지역 작가에게는 전시장을, 원도심 주민에게

2022 부산비엔날레

미술공간 제이작업실

경일메이커스

2021 BAMA

부산문화재단·정현전기물류·아난티코브 '작가의 방'

는 작품 감상의 기회를 제공한다. 설치미술을 하는 오유경 작가는 외갓집이자 돌아가신 아버지가 창고로 활용하던 수정동 집을 경일메이커스라는 예술공간으로 만들었다. 오 작가는 경일메이커스를 산복도로의 매력을 알리는 예술가의 베이스캠프 같은 곳으로 만들어갈 계획이다.

이렇게 주거지 가까이에 위치해 슬리퍼를 신고 편안하게 찾아갈 수 있는 '슬세권' 민간 문화 공간과 갤러리 카페의 확산은 미술을 시민 일상공간으로 끌어들인다. 딥슬립커피, 굿굿웨더, 스크랩, 아티클 등이 기획전 중심의 전시를 선보이며 '커피를 한잔 마시며 작품도 감상할 수 있는' 문화 공간으로 활약 중이다.

2012년 시작한 아트부산, 부산국제화랑아트페어 바마BAMA 등 대형 아트페어도 시민들이 새로운 미술, 다양한 작품을 향유하는 기회를 제공한다. 2022년 부산에서는 10개 이상의 크고 작은 아트페어가 열렸다. '미술시장 1조 원 시대'의 영향이다. 문화체육관광부와 예술경영지원센터가 발표한 자료에 따르면 2022년 국내 아트페어 매출액은 3020억 원, 아트페어 방문객은 87만 5000명에 달한다. 국내 미술시장 규모가 커진 것은 확실하지만, 전망에 대해서는 여러 의견이 오간다. 작가와 함께 성장하는, 특색이 있는 아트페어로 내실을 다져야 한다는 목소리가 들린다. 이것은 갤러리에 있어서도 적용되는 이야기다.

'신문화지리지 시즌2 2022' ①미술관 옆 화랑이 보도된 2022년 9월 20일 이후로도 약 10곳의 전시공간 개관 소식을 접했다. 부산의 전시공간을 숫자로만 보면 과거에 비해 정말 '많아졌다'고 생각할 수 있다. 하지만 작가들은 '여전히 부족하다'고 말한다. 전문성을 갖춘 기획자, 작업을 제대로 읽어줄 평론가도 필요하다. 부산 미술 현장이 조명 받는 만큼 부산 작가도 조명 받을 수 있는 환경이 구축되어야 전시공간도 함께 더 클 수 있다.

강서구	
국회부산도서관 전시관	명지동
스타필드 작은미술관	명지동

금정구	
금정문화회관 금샘미술관	구서동
캠퍼스D부산	금사동
킴스아트필드미술관	금성동
제이무브먼트 갤러리	부곡동
금샘도서관 금샘갤러리	부곡동
서동예술창작공간	서동
륜플레이스	오륜동
디오티미술관	장전동
벽촌아트갤러리	장전동
복합문화예술공간MERGE?	장전동
부산대 아트센터	장전동
아트스페이스 이신	장전동
아트스페이스리	장전동
부산갤러리	청룡동
갤러리산	청룡동
예술지구P	회동동

기장군	
PH갤러리	기장읍
갤러리아라	기장읍
갤러리우	기장읍
착한갤러리 부산점	기장읍
갤러리한스	일광읍
문동240	일광읍
이기주미술관	일광읍
박태준기념관	장안읍
자명갤러리	정관읍
피앤오갤러리	정관면

남구	
갤러리골목(문화골목)	대연동
갤러리포	대연동
경성대 미술관	대연동
부산문화회관 전시장	대연동
부산예술회관	대연동
프로젝트스페이스 릴리스	대연동
문현아트센터	문현동
동명대 갤러리	용당동
갤러리휴	용호동

동구	
PD아트갤러리	범일동
부산시민회관 전시실	범일동
아이테르	범일동
갤러리수정	수정동
문화공감수정	수정동
경일메이커스	수정동
미술공간 제이작업실	좌천동
동구문화플랫폼	좌천동
갤러리 림해	초량동
부산유라시아플랫폼 미디어월	초량동
아스티갤러리	초량동
아트갤러리&LP이야기	초량동

동래구	
동래문화회관 전시실	명륜동
스페이스움	명륜동
갤러리공감	복천동
마루스튜디오&갤러리	온천동
성원아트갤러리	온천동

부산진구	
부산시민공원 갤러리	범전동
홍주갤러리	범천동
부산진구청 백양홀	부암동
KT&G상상마당 부산	부전동
삼정갤러리	부전동
영광도서 리갤러리	부전동
정준호갤러리	부전동
소민아트센터	부전동
김종식미술관	연지동
굿굿웨더	전포동
놀이마루 전시실	전포동
벤쳐: 템플 오브 템포	전포동
별일	전포동
전리단갤러리	전포동
부산학생교육문화회관 교문갤러리	초읍동

북구	
구포역 감동진갤러리	구포동
문화예술플랫폼 만세갤러리	구포동
프린체갤러리	구포동
갤러리 예문	구포동
부산북구문화예술회관 전시실	덕천동
화명역 청년아트스테이션	화명동

사상구	
갤러리GL	감전동
사상인디스테이션	괘법동
부산도서관 전시실	덕포동
공간523	엄궁동
동서대 미디어아트 갤러리	주례동

사하구	
갤러리 우주의바다	감천동
홍티아트센터	다대동
홍티예술촌	다대동
해오름갤러리	장림동
낙동강문화관 전시실	하단동
부산현대미술관	하단동
을숙도문화회관 갤러리을숙도	하단동

서구	
kz아트스페이스 갤러리	동대신동
동아대 석당미술관	부민동
최민식갤러리	아미동
문화주소 동방	암남동
갤러리시선	서대신동

연제구	
부산교대 한새갤러리	거제동
부산시청 전시실	연산동
이웰갤러리 연산점	연산동
타워아트갤러리	연산동

영도구	
스크랩	동삼동
영도놀이마루 전시실	동삼동
영도문화예술회관 선유갤러리	동삼동
갤러리태종	동삼동
끄티 봉래	봉래동
끄티 봉산	봉래동
블루포트2021	봉래동
레트로덕천	영선동
끄티 청학	청학동

2021 바다미술제　　　　　　　　　　부산시립미술관　　　　　　　　　　부산현대미술관

	수영구	
1	미광화랑	민락동
2	광안갤러리	광안동
3	딥슬립커피	광안동
4	수영생활문화센터 바다갤러리	광안동
5	아트스페이스 링크	남천동
6	장애예술인창작공간 온그루	광안동
7	도시파빌리온	광안동
8	갤러리하나	수영동
9	공간힘	수영동
10	고서점	남천동
11	금련산역갤러리	남천동
12	빈빈문화원	남천동
13	F1963 석천홀	망미동
14	갤러리메이	망미동
15	갤러리이배	망미동
16	국제갤러리 부산점	망미동
17	비콘그라운드 아트갤러리	망미동
18	아트랩	망미동
19	오브제후드	망미동
20	워킹하우스뉴욕 부산	망미동
21	이젤갤러리	망미동
22	전시공간 보다	망미동
23	전시공간 영영	망미동
24	현대모터스튜디오 부산	망미동
25	현대미술회관	망미동
26	M컨템포러리 민락	민락동
27	아리안갤러리	민락동
28	이윌갤러리 센텀점	민락동
29	갤러리 쌈	광안동
30	써니갤러리	민락동

	중구	
1	용두산공원 미술의거리	광복동
2	mM아트갤러리	남포동
3	갤러리네거티브	대청동
4	갤러리보명	대청동
5	가톨릭센터 대청갤러리	대청동
6	중구문화원 복병산작은미술관	대청동
7	또따또가 공용공간	동광동
8	오픈스페이스배	동광동
9	한성1918부산생활문화센터	동광동
10	갤러리H	보수동
11	구박갤러리 사진미술관	보수동
12	부평아트스페이스	부평동
13	BNK부산은행갤러리	신창동
14	미술의거리	신창동
15	달리미술관	영주동
16	민주공원 전시실	영주동
17	영주맨션	영주동
18	롯데갤러리 광복점	중앙동
19	카페해든	중앙동
20	한광미술관	중앙동
21	남포문고 책138	부평동
22	갤러리 플레이리스트	중앙동
23	18-1갤러리카페	중앙동

	해운대구	
1	공간다다	송정동
2	도모갤러리	송정동
3	해운대아틀리에 칙칙폭폭	우동
4	갤러리서린스페이스	우동
5	갤러리폼	우동
6	고은사진미술관	우동
7	뮤지엄원	우동
8	부산공간화랑	우동
9	부산시립미술관	우동
10	부산시립미술관별관 이우환 공간	우동
11	부산프랑스문화원아트스페이스	우동
12	소울아트스페이스	우동
13	신세계갤러리 센텀시티점	우동
14	아트소향	우동
15	갤러리아리랑	우동
16	아티컬	재송동
17	갤러리봄	좌동
18	산목미술관	좌동
19	제뉴인갤러리	좌동
20	해운대문화회관 전시실	좌동
21	BMW포토스페이스	중동
22	M컨템포러리 부산	중동
23	가나부산	중동
24	갤러리ERD 부산	중동
25	갤러리더스카이	중동
26	더코르소갤러리	중동
27	갤러리래	중동
28	갤러리마레	중동
29	갤러리아트숲	중동
30	갤러리이듬	중동
31	갤러리조이	중동

31	마린아트스페이스	중동
33	갤러리화인	중동
34	갤러리휘	중동
35	데이트갤러리	중동
36	LB Contemporary	우동
37	루트갤러리공예시대	중동
38	리빈갤러리	중동
39	맥화랑	중동
40	북청화첩	중동
41	서정아트 부산	중동
42	아시안아트웍스	중동
43	안목갤러리	중동
44	갤러리무아 엘시티	중동
45	어컴퍼니	중동
46	에디션 알리앙스 부산	중동
47	미들맨갤러리	중동
48	오션갤러리	중동
49	갤러리 호박	재송동
50	유나갤러리 해운대	중동
51	유진화랑	중동
52	해운대케이갤러리	중동
53	조현화랑 달맞이	중동
54	조현화랑 해운대	중동
55	챈스아트센터	중동
56	카린	중동
57	피카소화랑	중동
58	해운대구청 작은갤러리	중동
59	해운대아트센터	중동
60	퀸즈아트갤러리	우동
61	갤러리무아	우동
62	연오재	우동
63	랄프 깁슨 사진미술관	중동

부산시립미술관　　　　　　2020 BAMA 김봉관 XR아트　　　　　　예술지구P 박자현 전시

기장군

금정구

북구

동래구

연제구

해운대구

수영구

사상구

부산진구

동구

서구

중구

남구

강서구

사하구

영도구

15 17
16
11
중구
19
20
10 5
8
6 23
4 7 22
3
14 9
13 1
12 21
2
18

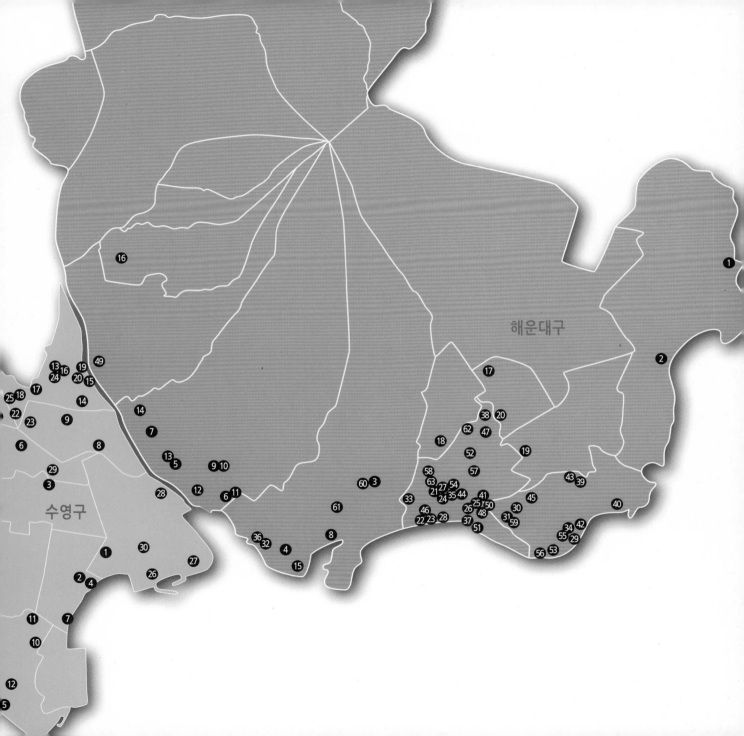

해운대구

수영구

음악 전문 공연장
없는 부산
그래도 곳곳에서
음악회 열린다

글 / 김효정

아트뱅크코레아 20주년 공연

오랜 세월 부산 음악계의 숙원은 클래식 음악 전문 공연장 건립이었다. 음악 전문 공연장이 없다 보니 부산 음악팬들은 세계 정상급 오케스트라가 와도 오롯이 감동을 느낄 수 없다는 아쉬움이 있었다. 가을이면 부산에서 공연장을 잡는 것이 너무 힘들다는 볼멘소리도 매년 터져 나온다. 부산의 음악 공연장은 턱없이 부족할까. 어디에서 클래식 음악을 만날 수 있을까.

[다목적홀 말고 클래식 음악 전문 공연장 절실]

2022년 기준으로 부산을 대표하는 클래식 음악 공연장은 부산문화회관이다. 대극장, 중극장, 챔버홀에서 오케스트라 공연을 비롯해 앙상블, 솔리스트 공연이 펼쳐지고 있다. 사실 부산문화회관의 대극장과 중극장은 음악 전문 공연장이 아니라 다목적홀이다. 아무래도 음향에서 아쉬울 수밖에 없다. 부산시립교향악단 공연을 부산문화회관에서 들을 때보다 음악 전문 공연장인 통영국제음악당에서 들을 때 훨씬 좋다는 건 클래식 팬이면 누구나 인정하는 현실이다.

클래식 음악 전문 공연장을 표방하는 챔버홀도 한계가 있다. 처음부터 음악홀 구조로 건립된 것이 아니라 기존 국제회의장을 내부 리모델링만 진행한 후 클래식 전문 공연장으로 사용하고 있기 때문이다. 소리에 민감한 클래식 공연장은 처음 설계할 때부터 소리 파동과 확산에 최적화된 구조로 준비하기 때문에 공연장 구조가 아닌 챔버홀의 음향은 차이가 있을 수밖에 없다.

이렇게 전문 공연장으로 아쉬운 다목적홀이라고 해도, 부산문화회관 공연장을 잡기 위해선 늘 대관 경쟁이 치열하다. 부산문화회관에 상주하는 7개 시립예술단 공연을 우선 배정하고, 자체 기획 공연들도 있기 때문에 민간 음악 단체와 예술가들, 공연기획사가 원하는 날에 공연장을 빌리는 게 힘든 것이 현실이다.

부산 클래식 공연계에선 대안으로 각 구의 문화회관을 고려하고 있다. 사실 구별 문화회관들도 대극장과 중극장(소극장) 등 2개 이상의 다목적홀을 가지고 있고 무대 시설도 갖추고 있다. 그러나 정작 구별 문화회관 중 클래식 공연이 진행되는 곳은 금정문화회관과 을숙도문화회관, 해운대문화회관 정도이다. 왜 그런 걸까.

우선 콘서트용 전문 피아노가 없는 곳이 있다. 사실 피아노가 있다고 해도 전문 클래식 공연으로 활용하기에 너무 오래되고 낡은 상태라는 점이 한계이다. 무엇보다 공연장으로서 활용도가 낮은 건 구별 문화회관들은 공연을 지원하는 인력 ^{매표, 관객 안내, 무대감독} 이 없다는 점을 가장 큰 아쉬움으로 꼽는다. 결국 구 문화회관에서 공연하려면 연주자들이 직접 지원 인력을 구해야 한다는 말이다. 이 같은 한계점은 각 구의 문화회관뿐만 아니라 부산 대부분의 다목적홀이 비슷한 상황이다.

국악 분야는 국립부산국악원 공연장이 소리 전달, 무대 상태가 모두 좋아 호응을 얻고 있다. 국립부산국악원 역시 상주 단체 공연을 우선 배정하지만, 두 개 극장 활용도가 높은 편이라 대체로 지역에서 높은 평가를 받고 있다.

그러나 국립부산국악원은 국악 공연만 가능해 다른 분야 음악인들은 이곳을 활용할 수 없다. 음향 무대 상태가 좋아서 클래식 공연계에선 국립부산국악원을 활용할 수 있는 방법을 여러 차례 문의하기도 했다. 그러나 여전히 국립부산국악원은 국악 분야 공연만 허락하고 있다.

[지역 문화 실핏줄, 하우스콘서트홀]

음악 전문 공연장이 없지만, '부산은 음악의 불모지'라는 과거 불명예에선 어느 정도 탈출했다는 이야기를 듣고 있다. 최근 몇 년 사이 부산 곳곳에서 30~100석 규모의 하우스콘서트 공간이 여러 곳 생겨났기 때문이다.

이들 공간은 몇 년째 기획 공연을 이어가고 있으며, 자체로 관객 DB를 구축해 안정적으로 유료 좌석을 운영하고 있다. SNS 채널로 공연 소식을 전하고 예매까지 받는데, 유료 공연임에도 좌석 점유율이 상당히 높은 편이다. 회사 옆, 집 앞에서 편한 차림으로 수준 높은 클래식 공연을 즐길 수 있다는 점에서 지역 문화 전파의 실핏줄 같은 역할을 톡톡히 하고 있다.

2022년 창립 11년을 맞은 스페이스 움은 부산 하우스콘서트의 선두주자다. 매주 금요일 여는 기획

스페이스 움

라온음악당

공연 '스페이스 움 음악회'가 2022년까지 484회 진행되었고 몇 달 앞의 일정까지 협의하고 있을 정도로 정착했다. 1600여 명이 공연 소식을 받으며 매주 찾는 단골 관객들도 생겨났다.

스페이스 움은 대규모 공연장과 달리 바로 코앞에서 연주자의 숨결을 느낄 수 있고 그림과 음악회를 동시에 즐길 수 있다는 점에서 입소문이 나며 관객을 불러들이기 시작했다. 스페이스 움 김은숙 대표는 꾸준히 기획 공연을 올리며 지역에선 이제 내공 있는 문화기획자로 통한다. 일선 구청과 부산지역 공공기관들의 음악회 기획까지 대행하고 있다.

부산대학교 근처에 있는 라온음악당도 2022년까지 4년째 매주 금요일이면 음악회가 열리고 있다. 이곳은 어린이를 동반한 가족 관객부터 대학생, 직장인, 중장년층에 이르기까지 다양한 연령대 관객이 찾으며, 공연이 매진되는 경우도 많다. 특히 지역 주민들과 활발하게 교류하며 음악회가 열리는 금요일이면 마치 가족, 친구모임을 하는 분위기가 펼쳐진다. 공연이 없는 평소에는 유튜브에 라온음악당 공연 영상을 올리며 관객들과 소통하고 있다.

라온음악당 고민지 대표는 전국구로 통하는 클래식 공연 해설자이다. 자신의 강점을 살린 덕에 라온음악당 공연은 해설이 풍부한 편이다. 관객들이 공연을 충분히 즐길 수 있도록 사전 해설 자료도 배부하고 있다.

부산의 대표적인 클래식 브랜드 공연으로 2019년부터 매월 열리는 '짜장콘서트'가 있다. 전문 음악 단체인 음악풍경이 여는 이 공연은 처음 부산 사하구 음악풍경 연습실에서 시작했으나, 2022년에는 동아대 석당박물관 로비에서 더 많은 관객과 만나고 있다. 코앞에서 즐기는 품격 있는 클래식 공연, 짜장면을 먹으며 공연의 감흥을 나누는 이색적인 형식으로 인기를 끌었다. 코로나19 팬데믹 때문에 음식을 나누지는 못하고 대신 매번 색다른 방식으로 관객과 함께하는 하우스콘서트로 진행하고 있다.

클래식 연주자들이 직접 하우스콘서트홀을 운영하는 경우도 많다. 클래식 연주자가 설 수 있는 지역 무대가 부족했고, 시민들에게 클래식 음악을 좀 더 친근하게 알리고 싶다는 마음에서 직접 공연 무대를 만든 셈이다.

부산 중구 신창동에 위치한 게네랄파우제는 피아니스트인 김다은 씨가 운영하고 있다. 클래식 공연뿐만 아니라 재즈 공연도 자주 열리고 있다. 네이버에서 공연 예약을 받고 있어, 지역민뿐만 아니라 부산 원도심으로 여행 오는 외지인도 자주 찾고 있다. 아늑한 카페 공간에서 작은 규모로 펼쳐지는 클래식 공연과 재즈 공연이 부산 여행의 특별한 추억으로 인정받고 있다. 기획 공연 수준도 높은 편이다.

공연장과 레슨 스튜디오를 겸하는 형태도 있다. 클라리네티스트 이환석 씨와 피아니스트 박다은 씨가 운영하는 필슈파스콘서트홀, 소프라노 임혜정 씨가 운영하는 엘림아트홀은 음악 교육과 공연이 동시에 진행된다.

공연장은 아니지만 부산에서 최고의 공연을 만날 수 있는 곳들이 있다. 명품 오디오가 재현하는 감동적인 소리에 고해상도 영상까지 더해져 마치 눈앞에서 공연이 펼쳐지는 것 같은 착각이 드는 음악감상실이다. 영상미가 뛰어나 연주자들의 땀방울도 보인다고 말할 정도이다.

오페라바움

오르페오 해운대

이 중 오페라바움은 심성섭 대표가 은퇴 후 평생 꿈이던 음악전문감상실을 차린 경우이다. 국내에서 이 정도 음향과 시설을 가진 오페라 전문음악감상실은 드물다는 말을 할 정도로 잘 꾸며져 있다. 극장처럼 만든 공간에 앉으면 순식간에 뉴욕 메트로폴리탄으로, 독일 베를린필 공연장으로 데려다 준다. 최근에는 이곳을 빌려 심 대표의 해설을 듣고 오페라 영상을 보는 모임들이 늘고 있다.

하이엔드 오디오를 체험하는 공간인 오르페오 ORFEO 해운대 역시 음악감상실로는 특이한 공간이다. 무엇보다 국내 최고 수준의 오디오 시스템이 구현된 극장에서 클래식 공연과 영화까지 즐길 수 있다. 수십 대의 스타인웨이 오디오 시스템이 구현하는 소리는 국내 최고 수준으로 자부하고 있다.

부산시향 바이올린 연주자였고 부산소년소녀현악합주단 지휘자, 에듀필하모닉 오케스트라 지휘자였던 김지세 씨가 운영하는 김지세의 음악이야기는 오랜 팬이 있을 정도로 인기있는 음악감상실이다. 세계 음악 동향을 잘 알고 있고 편안한 분위기에서 전문적인 해설과 클래식 음악을 즐길 수 있는 것이 장점이다.

부산시향 바이올린 연주자였고 악기 제작자로 활동 중인 김호기 씨가 운영하는 '돌체비타'도 10년 넘게 운영해 온 음악감상실이다. 수천 장이 넘는 음반과 악기들이 있는 감성적인 공간이며, 클래식 음악뿐만 아니라 재즈, 영화음악 등 다양한 음악을 들을 수 있다. 일주일에 여러 번 감상회가 열려 회원들은 자유롭게 원하는 시간에 참여할 수 있다.

['슬세권' 공연장이 살아남으려면]

부산의 클래식 음악 전문 공연장에 대한 오랜 바람은 마침내 현실이 될 것 같다. 오는 2025년 부산국제아트센터, 2026년 부산오페라하우스 등 음악 전문 공연장이 개관할 예정이며 공연장이 부족한 서부산권에도 낙동강아트홀이 들어서게 된다.

오페라하우스는 현재 기대보다 우려의 목소리가 크다. 운영 주체와 방식에 대한 문제점들이 계속 지적되고 있으며, 내부 시설에 대한 전문가 지적도 이어진다. 성공한 클래식 공연장들이 개관 몇 년 전부터 미리 운영 인력을 선발하고 준비 작업을 했다는 점에서, 오페라하우스 준비 상황은 걱정스럽다. 이런 이유로 개관 예정 시기도 계속 늦어지고 있다.

부산국제아트센터 조감도

부산의 음악인들은 부산에 들어설 전문 공연장들이 시너지 효과를 낼 수 있도록 미리 활용 전략을 짜야 한다고 목소리를 높이고 있다. 또 유명 공연과 연주자들의 경우 몇 년 전 공연 계획이 잡히는 경우가 많아 개관 프로그램과 초기 연도 공연 일정들을 미리 챙겨야 한다는 지적도 있다.

'슬세권 슬리퍼 같은 편한 복장으로 시설을 이용하는 주거 권역' 공연장으로 자리 잡은 하우스콘서트홀도 고민이 많다.

기획 공연 수익으로는 출연료와 공간 운영을 감당할 수 없어 대부분 공

부산오페라하우스 조감도

간의 대표가 외부 행사 대행, 레슨, 강의 등을 병행하며 운영비를 충당하는 실정이다. 운영자가 외부에서 돈을 벌어와야 공간을 운영할 수 있다는 점은 안타깝다. 지역 문화 활성화라는 공적인 역할을 하지만, 요건이 맞지 않아 국가와 지자체의 공연장 지원을 받을 수 없었기 때문이다. 공연장 지원 활성화 사업이 좀 더 유연하게 적용되어야 하는 이유이다.

하우스콘서트홀이 가장 어려워하는 부분은 홍보이다. 라온음악당 고민지 대표는 "하우스콘서트는 처음 오는 사람은 있어도, 한 번만 온 사람은 없다고 할 만큼 가까이서 접하는 클래식 음악 공연에 대한 만족도가 아주 높다. 알지 못해서 즐기지 못하는 것이 아닌가 싶다. 공연의 매력을 많은 사람들이 알면 좋겠다."고 말한다.

7개의 하우스콘서트홀이 2022년 부산소공연장연합회를 결성한 것도 이런 어려움을 함께 헤쳐 나가자는 목적이다. 공연 정보를 공동으로 소개하는 홈페이지 bsaha.or.kr 를 구축했고, 첫해인 2022년 11월 한 달 내내 하우스콘서트를 이어가는 '제1회 우리동네 문화살롱 페스타'도 열었다. 첫해는 예산 지원을 받지 못했지만, 앞으로 공적인 지원을 받을 수 있는 방법을 찾고 있다. 부산소공연장연합회 홈페이지는 부산 작은 공연장들의 공연 정보를 꾸준히 소개하고 있어 현재 부산에서 가장 최신의 하우스콘서트 정보를 만날 수 있다.

소공연장 운영자들은 지자체, 교육청 등과 연계해 소공연장을 좀 더 활성화시킬 수 있는 방법을 찾고 있다. 동네에서 만나는 공연장인 이곳을 지역 주민들의 문화 쉼터와 사랑방, 악기 강습, 생활문화 놀이터 등으로 활용하자는 의견도 많다.

부산소공연장연합회 김은숙 스페이스 움 대표는 "지자체 홈페이지에 지역 공연장들의 소식을 지속적으로 알려주는 게시판을 만들어 주고 지자체의 음악회, 문화행사 기획을 소공연장 운영자에게 맡겨 주면 좋겠다. 또 교육청과 연계해 학교 밖 예술 교육프로그램의 교육장으로 활용해 주길 적극적으로 부탁한다."고 전했다.

	종합공연장	
1	성원아트홀	부산 강서구 명지오션시티4로 88
2	금정문화회관	부산 금정구 체육공원로 7
3	디아트홀	부산 금정구 동부곡로27번길 88
4	차성아트홀	부산 기장군 기장읍 기장대로 560
5	부산문화회관	부산 남구 유엔평화로76번길 1
6	부산예술회관	부산 남구 용소로 78
7	경성대 콘서트홀	부산 남구 수영로 309
8	드림씨어터	부산 남구 전포대로 133
9	가람아트홀	부산 남구 유엔평화로 76번길 26 가람빌딩
10	부산시민회관	부산 동구 자성로133번길 16
11	부산동래문화회관	부산 동래구 문화로 80
12	국립부산국악원	부산 부산진구 국악로 2
13	부산시학생교육문화회관	부산 부산진구 성지곡로15
14	부산북구문화예술회관	부산 북구 금곡대로46번길 50
15	부산시학생예술문화회관	부산 북구 낙동북로 737-1
16	을숙도문화회관	부산 사하구 낙동남로1233번길 25
17	동아대다우홀	부산 서구 구덕로 225
18	F1963 금난새뮤직센터	부산 수영구 구락로123번길 20
19	영도문화예술회관	부산 영도구 함지로79번길 6
20	영화의전당 하늘연극장	부산 해운대구 수영강변대로 120
21	벡스코 오디토리움	부산 해운대구 APEC로 55
22	소향씨어터 신한카드홀	부산 해운대구 센텀중앙로 55
23	해운대문화회관	부산 해운대구 양운로 97
	하우스음악회	
24	오션컬쳐팩토리	부산 강서구 낙동남로682번길 262
25	라온음악당	부산 금정구 금강로 279-1 3층
26	문화공간 봄	부산 금정구 금정로 42
27	아모스 아트홀	부산 남구 수영로 202-1
28	무지카 아트홀	부산 남구 수영로 313-1 4층
29	파나카노트	부산 남구 용소로14번길 32
30	청년창조발전소고고씽	부산 남구 용소로46번길 7
31	스페이스 움	부산 동래구 명륜로 106 혜준빌딩
32	글로빌아트홀	부산 동래구 사직북로48번길 162
33	짜장콘서트	부산 서구 구덕로 225 석당박물관 로비
34	엘림아트홀	부산 수영구 광남로 121 골드코스트 9층
35	필슈파스콘서트홀	부산 수영구 장대골로 6

36	KSH아트홀	부산 수영구 광안해변로 193 티파티빌딩 6층
37	라움 프라다바코	부산 수영구 광안해변로370번길 9-8 4층
38	기타스튜디오 소정	부산 연제구 과정로344번길 26 B1
39	무지크바움	부산 연제구 중앙대로 1225
40	게네랄파우제	부산 중구 광복로49번길 31 2층
41	BOF아트홀	부산 중구 대청로126번길 4 3층
42	클라랑 뮤직홀	부산 해운대구 우동 499-9 B1
43	쿠무다 콘서트홀	부산 해운대구 송정광어골로 41 B1
44	나눌락	부산 해운대구 재송1로 11 2층
45	수아트홀	부산 해운대구 중동 1로 해운대오피스텔 2층
46	유로하임	부산 해운대구 송정광어골로 82번길 50
	음악감상실	
47	오페라바움	부산 기장군 기장읍 동부산관광7로 31
48	필하모니	부산 남구 유엔평화로76번길 28
49	돌체비타	부산 수영구 수영로 667 7층
50	서푼짜리오페라	부산 중구 백산길 10
51	김지세의 음악이야기	부산 해운대구 마린시티3로 1 선프라자 329호
52	ORFEO 해운대	부산 해운대구 해운대해변로292 그랜드조선부산 B1
	음악전용홀(예정)	
53	낙동강아트홀	부산 강서구 명지동 630-5
54	부산국제아트센터	부산 부산진구 시민공원로 73
55	부산오페라하우스	부산 중구 중앙동4가 1185-1

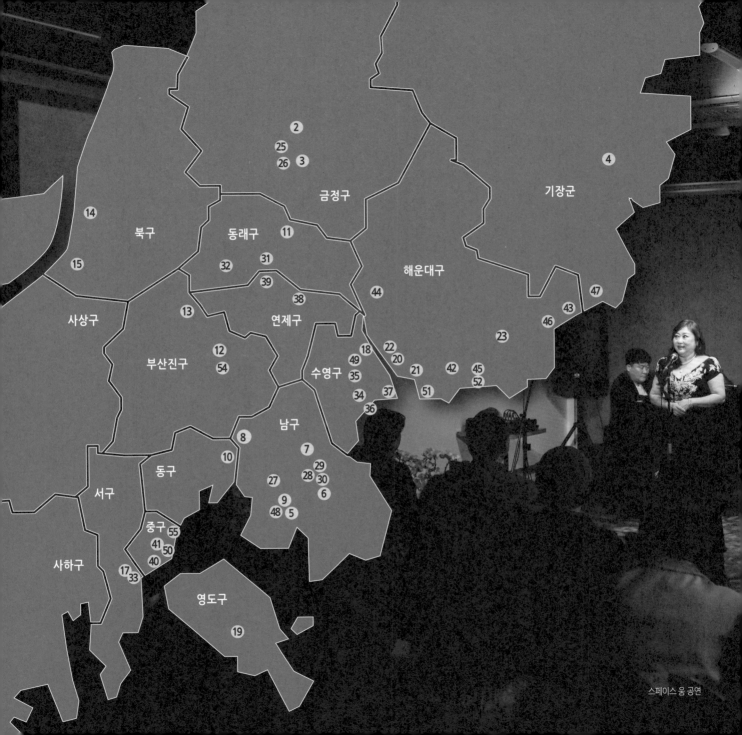

스페이스 움 공연

우여곡절 삭인
몸의 언어,
부산은 춤 역사의
살아 있는 현장

글 / 윤여진

국립부산국악원 〈아류별곡〉 공연

"삭이는 춤, 내면의 목소리를 드러내는 춤이 바로 부산 춤"이라는 김진홍 선생. 70년 가까이 부산 춤판을 지키며 춤의 맥을 이어오고 있는 그의 말은 "춤은 동시대인이 한자리에 모여 소통하는 광장"이라는 젊은 춤꾼 박재현의 말과 묘하게 맞닿아 있다. 세월을 뛰어넘는 춤은 개인과 사회, 국경마저 초월한 몸의 언어다.

역사와 궤를 같이하는 우리 춤에서 부산 춤은 동래야류, 수영야류 등 전통 가면극의 주된 춤사위인 덧배기춤을 토대로 해외서 유입된 여러 외국 춤이 한국 춤과 결합해 다양한 공연예술로 성장했다. 부산은 그야말로 크로스오버 춤 역사의 살아 있는 현장인 셈이다. 춤의 여러 갈래 가운데 무대 공연을 중심으로 부산 춤의 역사를 훑고자 한다.

[피란수도 부산은 '춤의 르네상스']

춤꾼 김해성 부산여대 아동스포츠재활무용과 학과장 은 논문을 통해 "일찍이 부산은 동래를 중심으로 권번이 발달하여 자연히 춤과 놀이가 성행한 전통춤을 가진 고장 중의 하나"라고 밝혔다. '영남은 춤, 호남은 소리'라는 말이 괜히 나온 건 아니었다.

현대무용 박용호와 발레 김향촌이 합동연구소를 열고, 박이랑 옥파일 조말선 등이 아동무용 교육을 펼치며 다양한 춤이 보급됐던 부산이 춤의 중심지가 된 것은 아이러니하게도 한국전쟁 때였다. 무용계에서는 한국전쟁을 놓고 '단절과 공백의 기간'으로 표현하지만, 여기서 간과된 것이 바로 '부산'이라는 장소다. 전쟁 와중에도 무용 공연과 교육이 이어지면서 피란수도 부산은 '한국 춤 역사의 단절을 막아내고 계승한 역사적인 공간'이자 '춤의 르네상스'를 이끈 역사의 현장이었다.

1947년 부산 토성동 자택에 '민속무용연구소'를 개설하고 부산 춤 정체성 확립에 앞장섰던 추강 김동민 1910~1999 선생은 전쟁의 힘겨웠던 시기, 먹고살기 급급했던 춤꾼들의 든든한 버팀목이 됐다. 현 국립국악원 전신인 '이왕직 아악부'가 민속무용연구소에 임시 간판을 걸었으며, 국립국악원으로 명칭이 바뀌면서 부산 용두산 공원에 임시 사무실을 연 뒤에도 민속무용연구소에서 강습회를 열곤 했

왼쪽부터 추강 김동민, 김온경, 곽미소, 윤여숙

다. 춤꾼 김온경 부산시 무형문화재 동래고무 예능보유자 선생은 "당시 춤꾼들 사이에서 부산에 다녀왔다고 하면 김동민 안부를 묻는 게 먼저였다."고 회상했다. 김동민은 전쟁 한창이던 1951년, 부산극장에서 무용발표회를 열며 춤 보급에 힘썼다. 김온경이 주연을 맡았던 당시 작품은 규모가 큰 행사였으며, 부산 극무용의 시초로 꼽히기도 했다. 김동민의 열정은 김온경에 이어 윤여숙, 곽미소로 이어지면서 4대째 춤이 이어지고 있다. 특히 김온경과 윤여숙은 《부산춤 100년사》, 《한국춤 총론》 등을 공동집필하며 부산 춤은 물론 한국 춤 역사를 오롯이 담아내는 귀한 작업을 펼치기도 했다.

[환도 이후 부산 춤, 큰 도약]

휴전 이후 상당수 무용인이 고향 또는 서울로 발걸음을 옮기자 부산 춤판은 잠시 주춤했다. 위기는 곧 기회였다. 1957년 부산 최초로 무용인들의 권익집단인 부산무용가협회가 결성됐고 마침내 부산무용예술인협회로 정비됐다.

1958년 첫 개인 발표회를 가진 조숙자

'부산 예술 춤의 터전을 다지는 데 큰 획을 그은 것'으로 평가받는 무용 평론가 강이문 1923~1992 이 "1960년대는 환도 이후 잔류한 무용인들과 기존의 토착 무용인들, 신진 무용가들이 새롭게 판을 구성하던 시기"라고 했듯, 부산 춤판은 서서히 활기를 띠기 시작했다. 부산 첫 발레리노 김향촌이 활발한 활동을 펼치는 가운데 부산 최초 발레리나로 꼽히는 김혜성은 송준영 등과 함께 1960년 부산 최초 개인 사설 발레단 '푸리마발레단'을 창단했다.

당시 조예경이라는 이름으로 활동했던 조숙자는 부산 출신으로서는 처음으로 서울 국립극장에서 발레 공연을 하며 큰 주목을 받았다. 조숙자는 해방 이후 만주에서 고향인 부산에 정착, 1950년대부터 춤 활동을 펼쳤다. 1965년부터 한성여자실업초급대학 경성대 전신 체육과에서 발레 시간강사를 하며 춤 교육자의 길로 들어선 그는 1969년 전임교수가 되면서 부산 첫 발레 교수가 됐다. 평생 부산에서 대학교수로서 후학 양성에 힘쓴 학자로 꼽힌다.

1963년 부산이 직할시로 승격하면서 같은 해 부산무용협회가 만들어졌고 한성여자실업초급대학 체육과에 무용 전공이 도입됐다. 동래의 마지막 한량으로 일제강점기 식민정책으로 중단됐던 각종 민속 예술을 부활시키는 데 앞장선 문장원 1917~2012 의 활약에 힘입어 부산에선 1967년 동래야류가, 1971년엔 수영야류가 국가무형문화재로 지정됐다. 부산에서 춤으로는 처음으로 동래학춤이 1972년에 부산시 무형문화재 제3호로 지정되기도 했다.

문장원과 함께 부산시 무형문화재 동래한량춤 예능보유자이자 '부산 춤

문장원

김진홍

황무봉(오른쪽)과 손세란

의 살아 있는 역사' 김진홍도 빼놓을 수 없는 춤꾼이다. 전쟁이 한창이던 1951년 열린 무용 콩쿠르에서 입상하며 무용계에 입문한 그는 1983년 제9회 전주대사습놀이 전국대회 무용 부문에서 승무로 장원에 오르면서 전국 춤판에 이름을 날렸다. 부산시립무용단 예술감독을 비롯해 각종 무용제 운영위원장을 역임하며 부산 춤을 위해 헌신한 그는 아흔을 바라보는 나이에도 '남은 별'이라는 테마의 새로운 명무전을 기획하는 등 무대를 떠나지 않고 춤 명맥을 잇고 있다.

1968년 한국무용협회가 주최한 전국적인 무용예술제전이 부산에서 열리게 된 것은 황무봉^{1930~1995}의 활약이 컸다. 1960년대 신무용으로 활발한 활동을 펼쳤던 그는 부산 최초 '부산명보소녀가무단'을 창단하는 등 창작무용이 부산에 뿌리내리는 데 지대한 공헌을 했다. 그의 산조춤은 지금까지 무대에 오르며 후대에 전해지고 있다.

1970년대 부산 춤 지형은 여러모로 획기적이었다. 1973년 전국에서 처음으로 부산시립무용단이 꾸려진 것이 대표적이다. 부단장은 강이문, 안무장은 황무봉과 송준영이, 단무장은 손세란이 맡았다. 하지만 부산을 대표하는 춤 단체임에도 불구하고 환경은 열악했다. 김진홍은 "당시 단무장을 맡았

엄옥자

최은희

던 손세란 본명 손영애 이 하나뿐인 모피를 저당 잡혀 빌린 돈으로 무대 설치 비용 등을 갚았다.”고 회상했다.

같은 해 부산시민회관이 세워진 것은 부산 무대 공연의 전환점을 가져왔다. 사실 1970년 이전 무용 공연은 영화 상영을 주목적으로 했던 극장을 중심으로 펼쳐졌다. 부산, 대영, 중앙, 영남, 제일, 왕자, 동아, 초량극장 등이 주된 춤 무대였다. 춤을 위한 무대가 아니다 보니 춤꾼들의 동선을 온전히 담아낼 수 없는 한계가 뚜렷했다. 하지만 1973년 부산시에서 전문공연장 부산시민회관을 개관하면서 춤꾼들의 무대가 더욱 풍성해졌다. 전문 무대 시설이 없던 부산지역에 예술인들은 물론 시민들에게 다양한 예술 활동과 예술 향유를 가질 수 있는 기회를 준 계기가 됐다.

[춤 이끈 대학 무용]

지역 대학에 무용학과가 잇따라 개설되면서 무용계는 더욱 활기를 띠었다. 1979년 부산여대 현 신라대 에 무용 전공이 체육학과 내 개설됐으며, 1980년대 들어 부산여전 현 부산여대 , 경성대 등에도 체육무용학과가 만들어졌다. 부산대와 동아대에선 독자적인 무용학과가 만들어졌으며, 1987년엔 부산예술고등학교에 무용과가 개설돼 차세대 무용수들이 배출되기 시작했다. 학계를 중심으로 체계적인 후계자 육성이 이뤄지면서 1980년대 부산 춤판은 일종의 전환기를 맞았다.

“1980년대는 대학이 중심”이었다는 무용평론가 이상헌의 말처럼, 학계를 중심으로 한 춤꾼들이 전국적인 인지도를 얻었다. 최은희 김형희 이혜경 등이 서울에서 주목받았고, 부산현대무용단과 줌현대무용단의 창단 공연, 김희선 정미숙 목혜정을 중심으로 한 춤패 배김새, 신인 신은주의 춤판 등이 시선을 모았다. 기업이 후원한 무용단으로서는 국내 처음이었던 럭키그룹의 ‘럭키무용단’도 이 시기 창단됐다.

연극계의 영향을 받아 소극장을 중심으로 춤 무대가 펼쳐진 것도 1980년대의 특징이다. 부산 가톨릭센터를 시작으로 경성대 콘서트홀, 가마골소극장, 부산아트홀, 가온아트홀 등이 주된 무대였다. 김미숙은 소극장에서 개인 공연을 장기 진행하며 주목 받았다. 그는 이후 '춤으로 만나는 아시아'를 기획하면서 국제 민속춤을 한자리에 모아내기도 했다.

경성대가 주최한 부산여름무용제와 함께 1990년 처음 마련돼 지금껏 이어지고 있는 대학무용제 역시 주목할 만하다. 대학무용제 운영위원장 김해성은 "학교 간 선의의 경쟁과 실력을 뽐내는 대학무용제는 새 춤꾼들의 탄생을 알리는 장이기도 했다."고 말했다.

부산대 강미리 무용학과 교수의 제24회 대학무용제 공연 모습

왼쪽부터 신은주, 김옥련, 정신혜, 허경미

독자적인 무용 체계를 구축한 '독립군'들의 활약도 이후 부산 춤판을 보다 풍성하게 하는 데 큰 힘을 발휘했다. 김형희는 하야로비현대무용단에서 벗어나 독자적으로 트러스트 현대무용단을 발족해 활동했다. 춤공간 SHIN을 중심으로 자신만의 세계를 확고히 구축한 신은주는 부산국제춤마켓을 13년간 이끄는 등 춤의 국제교류 활성화에 앞장서고 있다. 국립부산국악원 예술감독 정신혜^{신라대 교수} 역시 '동인 단체에 속하지 않으면 무용을 포기하는 것과 같았던 시기' 이미 독자적인 무용단을 꾸려 주목할 만한 작품을 빚어냈다. 김옥련은 열악한 발레 환경에도 불구하고 다양한 창작품을 선보이며 부산 민간 발레계에 독보적인 역할을 하고 있다. 허경미 역시 부산시립무용단을 그만둔 뒤 허경미무용단 무무를 만들어 활발히 활동 중이다.

제1회 전국무용제를 부산에서 치렀고, 2005년 부산국제해변무용제로 출발해 2008년 부산국제무용제로 이름을 바꾼 뒤 지금까지 한 해도 거르지 않고 전 세계 무용인들이 모여 몸짓을 공유하고 있는 것도 부산 춤의 힘이다.

2022 제18회 부산국제무용제

[그래도 춤은 계속된다]

2011년 동아대를 시작으로 경성대, 신라대 등 지역 대학 대부분의 무용학과가 폐과 수순을 밟았다. 부산에서 독자적인 학과로 존재하는 곳은 부산대가 유일하다.

그래도 춤꾼들은 희망을 잃지 않고 있다. 금정산 생명천지굿(강미리 홀 무용단), 부산국제즉흥춤축제(예술감독 박은화), 대중성과 예술성을 겸비한 신작 무대(이태상프로젝트)는 끊임없이 대중과 소통하고 있다. 춤꾼들은 변화에 힘을 싣고 있다. 정신혜는 "춤의 사회적 역할을 고민하는 반성과 성찰의 시간"이라며 "새로운 춤으로 탈바꿈할 기회"라고 말했다. 시대를 거스를 수 없다면 다양한 형태로 인재를 육성해야 한다는 목소리도 크다. 춤꾼 김남진은 "진정한 유럽식 아카데미를 만들어 실질적인 부산 인재를 길러내야 한다."고 말했으며, 춤꾼 윤여숙은 "예술을 보존하는 데 지자체의 책임이 있는 만큼 시립예술대와 같은 시 차원의 전문적인 기관을 만들어야 한다."고 제안했다. 춤꾼

부산시립무용단 2020두바이세계박람회 한국관 공연　　　이태상프로젝트의 〈잡종 블루스〉　　　박재현의 경희댄스시어터 〈굿모닝 일동씨-슬픔에 관하여〉

김평수 부산민예총·한국민예총 이사장 는 "천편일률적인 지원금에서 벗어나 예술인들의 창작 활동을 존중할 수 있는 지원이 우선"이라며 지역 예술 생태계를 건강하게 만드는 제도의 필요성을 언급했다.

부산을 터전으로 한 춤꾼들의 노력 역시 현재진행형이다. 동래야류를 현대로 재해석한 국립부산국악원의 〈야류별곡〉은 서울에서도 주목을 받았다. 김옥련, 신은주가 부산 춤판을 든든히 지키고 있는 가운데 허경미, 이태상, 박재현, 이용진 등이 활기를 더하고 있다. 전통춤에선 윤여숙, 김갑용뿐만 아니라 유은주, 정해림, 강미선, 하선주, 황지인, 이민아, 윤정미, 남선주, 김정원, 구성심, 이혜진 등이 명맥을 활발하게 잇고 있으며, 한국 창작춤에선 정미숙, 변지연, 박성호, 이연정, 강경희, 박연정이 무대를 누비고 있다. 현대무용에선 정기정, 안선희, 방영미, 박은지, 이언주, 허성준, 이이슬, 박미라가, 발레에서는 서정애, 정성복이 다양한 작품으로 관객들을 찾고 있다.

신은주는 "시대의 흐름이 달라지면서 춤도 달라질 것"이라 말했다. 크고 작은 곳곳의 자리에서 예술혼을 불태우고 있는 다양한 세대의 부산 춤꾼들. 그들이 이뤄 나갈 또 다른 형태의 춤, 바로 부산 춤의 미래다.

1945년~전쟁 전		
김동민	민속무용연구소	토성동
김향촌	발레연구소	대신동
박용호	김향촌과 합동연구소	대신동
이인범	발레연구소	대신동
조말선	교육무용연구소	동대신동

전쟁기		
장홍심	동양무용예술연구소	영도
한순옥	신무용	좌천동
임수영	신무용	영주동
박성옥	대한음악무용연구소	충무동
김미화	발레연구소	동광동
이춘우	신무용	서면교차로

정전 직후~1970년대		
문장원	동래야류민속예술연구회	동래읍성
김해성	푸리마발레단	중앙동
김향촌	발레연구소	대신동
이춘양	신무용	범일동
임수영	칸타빌레 음악실	광복동
이매방	이매방무용연구소	범일동
김춘방	무용연구소	대청동
정무연	정무연무용학원	수정동
조숙자(조예경)	부산예술무용학원	서면
	부산발레단	부산산업대(현 경성대)
김미화	발레	동광동
이춘우	신무용	범일동
황무봉	황무봉무용학원	충무동
성승민	성민무용연구소	충무동
손영애	손세란 한국예술무용연구소	남포동
배혜경	무용학원	대신동
김진홍	은방울무용연구소	범천동
	김진홍무용학원	범일동
송준영	송준영무용학원	광복동
황창호	무용학원	양정동

남승악	무용학원	좌천동
이경록	이도근 무용학원	서면
김온경	민속무용연구소	토성동
양정화	무용연구소	초량동
이창신	무용연구소	초량동
심지영	무용연구소	토성동
김명자	무용연구소	범일동

1980~1990년		
하정애	하야로비무용단	부산여대(현 신라대)
김온경	춤두레	부산여대(현 신라대)
양학련	한국창작무용연구회	부산여대(현 신라대)
김정순	뗑브르발레연구회 부산새싹발레단	부산여대(현 신라대)
김은이	춤패 '짓'	동아대
장정윤	로고현대무용단	동아대
엄옥자	연무회	부산대
정귀인	부산현대무용단	부산대
이윤자	연정 춤모임	부산대
신정희	한국발레연구회	경성대
최은희	춤패 배김새	경성대
남정호	현대무용단 줌	경성대
김미숙	춤패 두름	부산여전(현 부산여대)
김현자	럭키무용단	장전동
박지영	이화풍류원	장전2동
이성훈	무용연구소	영도

1990년대~최근		
주수광	부산발레연구회	부산대
박은화	현대무용단 자유	부산대
민병수	민병수발레단, 브이쉬발레단	부산대
강미리	홀 무용단	부산대
박상용	박상용무용단	부산대
박근태	더파크댄스	부산대
김정순	김정순발레단(부산유니온발레단)	신라대
정신혜	정신혜무용단	신라대
이태상	이태상댄스프로젝트	신라대
박현주	부산시티발레단	신라대
신정희	그랑발레	경성대
최은희	춤패 배김새	경성대
김해성	김해성무용단	부산여대
김희옥	메트로발레단(예인발레스튜디오)	장전동
윤여숙	윤여숙무용학원	장전동
김옥련	김옥련발레단	용당동
김갑용	춤과 사람	가야2동
신은주	신은주무용단	수영(민락동)
하연화	하연화무용단	대연동
변지연	미르무용단	구서동
정기정	정기정무용단	괘법동
김남진	김남진피지컬씨어터	재송동
강주미	춤패바람	감만동
허경미	허경미무용단 무무	감만동
손영일	손영일무용단	남천동
박재현	경희댄스시어터	서동
한지은	한국춤프로젝트 가마	사직동
이용진	댄스프로젝트 에게로	사직동
김평수	프로젝트 광어	구포동
허성준	판댄스씨어터	남산동

북구

금정구

부산대

신라대

동래구

연제구

사상구

부산진구

부산여대
(현 신라대)

부산여전
(현 부산여대)

해운대구

동아대

서구

동구

수영구

사하구

중구

남구

경성대

영도구

전용극장
없어도,
프리랜서 배우로
뛰어도,
연극은 계속된다

글 / 오금아

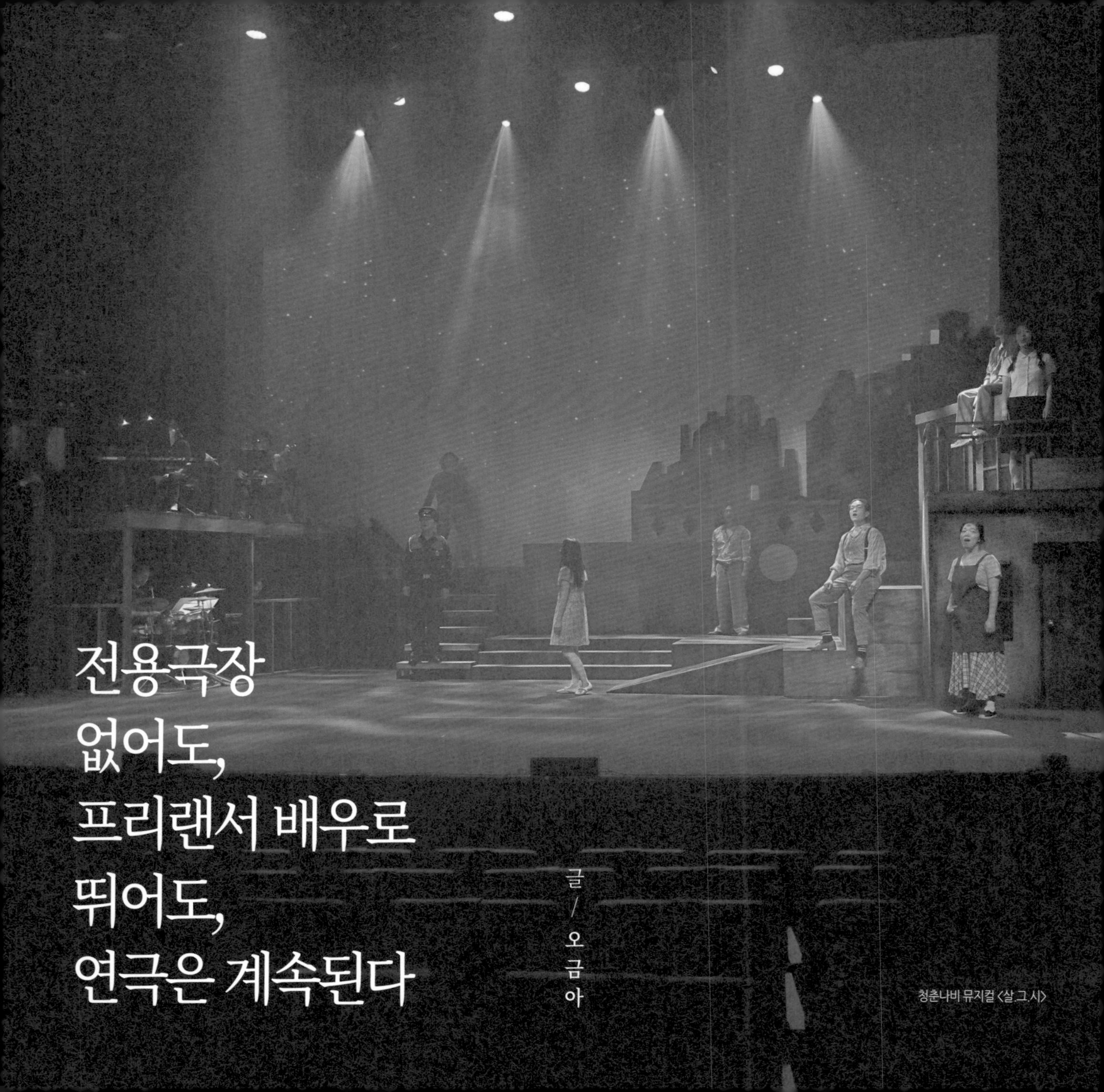

청춘나비 뮤지컬 〈살 그 시〉

2009년 말 기준 부산의 연극 전문 소극장은 15개. '신문화지리지 시즌1 ²⁰⁰⁹'에 소개된 소극장 숫자를 현재 기준으로는 공연장 지원 사업의 기준이 되는 '300석 미만'으로 풀어볼 수 있다. 2022년 말 부산에 있는 300석 미만의 민간 소공연장 중 연극을 올릴 수 있는 극장은 26개이다. 수적으로는 13년 전에 비해 많이 늘어난 것처럼 보이지만 상업극 전용 극장이나 무대 환경, 대관비 등을 고려하면 부산 연극인들이 실제 이용할 수 있는 극장 숫자는 10여 개로 줄어든다. 연극 전용 극장의 필요성이 거론되는 이유다.

[극장, 새로운 연극의 시작점]

현재 부산의 민간극장은 위치상 남구와 수영구에 몰려 있다. 남구의 경우 소극장 9곳에 뮤지컬 전용 공연장인 드림씨어터까지 위치한다. 2019년 3월 개관한 드림씨어터는 1727석 규모로, 서울에 가지 않고도 세계적 뮤지컬 공연을 부산에서 볼 수 있게 만들었다. 부산의 극장 지도를 그려 보면 일터소극장·가온아트홀 등이 있는 부산시민회관 일대, 경성대·부경대 앞 극장 밀집지, 남천동과 광안동을 거쳐 도시철도 2호선 수영역까지 공공·민간극장 라인이 이어진다. 최근 2년 사이 '여기는극장입니다'와 '효로인디아트홀'이 연제구에 새로 들어서며, 범일동~대연동~광안동~남천동~연산동을 잇는 '극장 메트로 라인'이 3호선까지 연결되는 분위기다.

도시철도 2호선과 3호선을 연결하는 수영·망미동 일대에 창단 5년 이내 '청년 극단' 몇 곳의 연습실이 있다는 점도 흥미롭다. 이 지역은 남구와 수영구 극장 집중지역에서 지리적으로 가깝고 교통 접근성도 좋다. 또 망미골목, 수영강변 등 골목마다 작은 문화공간이나 카페 등이 들어서 있어 젊은 세대에 친숙한 공간이기도 하다.

2020년 청춘나비아트홀과 한결아트홀이 문을 닫은 것을 계기로 부산시의회에서 '부산 연극 소극장 활성화' 관련 세미나가 열렸다. 지역 소극장들의 생존 문제가 본격적으로 논의됐으나 속 시원한 해법을 찾지는 못했다. 문화 콘텐츠 다양화로 인한 연극 관객 감소, 임대료 인상에 코로나19 팬데믹까

제10회 부산소극장연극페스티벌 발대식   극단 드렁큰씨어터 〈더워 죽어도 여름〉   소극장 열린아트홀

지 소극장의 위기를 가중했다. 그렇다고 소극장들이 손을 놓고 있는 것은 아니다.

부산소극장연극협의회 회장 최성우 는 2022년 10주년을 맞았다. 부산소극장연극협의회는 그동안 부산소극장연극페스티벌, 창작낭독무대, 동아시아 연극캠프 등 축제와 교류 행사를 통해 소극장의 매력을 알려왔다. 현재 부산소극장연극협의회 회원 극장으로는 소극장6번출구, 열린아트홀, 나다소극장, 하늘바람소극장, 용천지랄소극장, 레몬트리소극장, 공간소극장, 액터스소극장이 있다. 2022년 11월 한 달간 열린 '제10회 부산소극장연극페스티벌'은 전국에서 모인 다양한 소극장 연극을 감상하는 기회를 제공해 큰 인기를 끌었다.

극장 운영은 쉬운 일이 아니다. 지역에서 극장을 운영한 경험이 있는 한 연극인은 "숨만 쉬어도 돈이 나가더라."라는 말을 남기기도 했다. 최성우 회장은 "극장은 극단을 위한 공간이며, 창작 실험이 지속되어야 하는 공간"이라며 "일몰제 형태의 극장에 대한 예산 지원을 통해 극장과 극단이 더 활발히 움직일 수 있게 만들 필요가 있다."고 말했다.

민간극장 중에서 어댑터플레이스와 효로인디아트홀은 새로운 형태의 운영 방식으로 눈길을 끈다. 광안리에 위치한 어댑터플레이스는 온라인 스튜디오형 공연장으로 정기적 낭독극 공연을 무대에 올린다. 연극이나 뮤지컬 사전 제작 단계로서의 무대를 선보이는 인큐베이팅 전문 극장인 동시에

나다소극장

어댑터플레이스

민주공원 작은방

수다콘서트, 캐주얼 오페라 등 색다른 공연 프로그램도 발굴하는 기획공연장이다. 효로인디아트홀은 엔터테인먼트 효로인디넷과 극단 새벽이 2022년 하반기에 개관한 독립문화예술공간이다. 1층 갤러리·2층 소극장·3층 교육실을 갖춘 효로인디아트홀은 극단 새벽의 '시민사회와 함께하는 테마연극제'의 거점 공간으로 시민과 연극의 연결지 역할을 담당할 예정이다.

"부산에는 제대로 된 200석, 300석 규모의 극장이 없다." 지역에서 연극 제작자로 활동하는 중견 연극인의 지적이다. 제작비가 많이 올라 일정 규모 이상 관객을 확보해야 적자를 면할 수 있는데, 소극장은 너무 작고 큰 공연장은 대관비 부담이 크다는 이야기다.

2022년 여름 서울에 '대학로극장 쿼드'가 개관했다. 옛 동숭아트센터 동숭홀을 리모델링해서 만든 258석 규모의 블랙박스 공연장이다. 무대와 객석을 마음껏 변환할 수 있어 다양한 무대 실험이 가능한 대학로극장 쿼드는 공연 관계자들에게 좋은 반응을 얻고 있다. 현재 부산에는 블랙박스형을 표방한 민주공원 작은방 소극장이 있지만 연극인들이 원하는 완벽한 형태는 아니다. 또 공공극장의 경우 강당 형태의 구조에서 출발한 것이 많아 무대 활용에 한계가 있다. 공간의 제약은 부산 연극인들의 작품적 상상력도 제한한다.

부산에서 활동 중인 한 무대 전문가는 "블랙박스 형태의 연극 전용 극장이 필요하다."고 말했다. 이 전문가는 "연극 전용 극장을 짓는다면 멀티플렉스 영화관처럼 하나의 건물에 1·2·3관이 같이 있는 구조면 좋겠다."고 했다. 서울 대학로에서 관람객이 폭넓은 작품 선택의 기회를 가지는 것처럼, 관객이 다양한 연극 중에서 원하는 작품을 선택할 수 있을 거라는 이야기다.

[프로젝트 중심 극단, 프리랜서 뛰는 배우]

'연극이 하고 싶은 막내가 극장으로 출근한다. 무대 청소 등 허드렛일을 하며 극단 선배에게 화술이나 연기법을 배운다.' 극단 세진의 김세진 대표는 "이런 형태의 동인제 극단은 이제 거의 없다고 보면 될 것"이라고 말했다. 김 대표는 "동인제와 비슷한 형태로 연극학과가 있는 대학 출신끼리 모인 극단이 있기도 하지만, 전통적 의미의 동인제 극단과는 차이가 있다."고 덧붙였다. 1984년 창단한 극단 부두연극단 이성규 대표도 "80년대까지는 각 극단의 성격이 확실했으나 90년대 들어 개인 프로듀서 시스템으로 바뀌었고, 그 뒤에는 출신 학교끼리 모이는 분위기가 생겨났다."고 말했다.

부산 연극 극단의 형태가 바뀌고 있다. '프로덕션' 개념의 극단이 늘어나고 있다. 청춘나비의 강원재 대표는 2009년부터 이 개념을 도입했다. 강 대표는 "그때그때 공연 콘셉트에 맞춰 연출가부터 배

극단 잠방 〈축하케이크〉

극단 따뜻한사람 〈복길잡화점의 기적〉

극단 자갈치 〈쓰리보이즈 리턴즈〉

극단 아이컨텍 〈악당의 색〉 제작발표회

우까지 팀을 꾸린다.”고 밝혔다. 그는 10년 역사를 가진 연극을 뮤지컬로 재창작하는 '살그시 프로젝트'도 진행했다. 청춘나비는 2011년부터 2021년까지 창작단막극제 '나는 연출이다'를 통해 신진 연출가 육성에 앞장섰다. 2020년 '나는 연출이다'에서 단막극으로 초연한 〈땡큐 돈키호테〉 극단 바다와 문화를 사랑하는 사람들 의 경우 2021년 부산연극협회의 작강연극제 작지만 강한 연극제 를 거쳐 2022년 서울국제공연예술제와 부산공연콘텐츠페스타 무대에도 올랐다.

어댑터플레이스를 운영하는 예술은공유다도 '연극 제작사' 개념에 가깝다. 연출가 또는 배우 1인 극단도 많아져 어디까지 극단이고, 어디까지 연극 제작단체인지 구분도 모호해진 것이 최근 극단의 경향이다. 공연장이나 타깃 관객층 맞춤형 상업극을 만드는 단체일수록 제작사 개념이 더 강해진다.

프로젝트 중심으로 극단이 운영되면서 배우는 단원이 아닌 프리랜서 개념으로 작품당 계약을 한다. 이 배경에는 극단이 단원의 생계를 책임지기 어려운 현실이 자리한다. 두 달가량 연습해서 한 작품을 올리는데 배우가 받는 돈이 약 100만 원. 세 작품은 뛰어야 한 달 수입 150만 원이 겨우 맞춰진다. 이마저도 연기 좀 한다는 배우의 경우다. 아르바이트로 생계비를 충당하며 무대에 서는 배우도 많다. 상황이 이렇다 보니 한 작품에 출연하는 배우가 모두 모이기 힘들어, 오전 9시에 연극 연습을 한다는 소리까지 들린다.

지역의 한 연출가는 “아침에 이 연습, 점심에 저 연습, 저녁에 작품 공연. 배우들이 이런 식으로 바쁘게 돌고 있다.”며 “다작을 하지 않으면 먹고살 수 없는 현실 때문에 배우들이 소진되고 있는 것은 아닌지 걱정이 된다.”고 했다. 일부에서는 작품에 대한 몰입도가 떨어진다는 점에서 아쉬움을 표하는 목소리도 들린다.

어려운 가운데 분투하는 연극인을 응원하기 위해 지역 연극계 인사들이 자발적으로 만든 '아름다운 연극상'이 있다. 2019년 연극인 강원재 청춘나비 대표 를 시작으로 연극인 조세현 조명디자이너, 최현정 배우, 김숙경 극작가, 허석민 극단 따뜻한사람 대표 이 이 상을 받았다.

각 극단은 나름의 방식으로 출구를 찾고 있다. 최근에는 창작 뮤지컬을 올리는 극단이 늘어났다. 뮤지컬을 보고 연기 전공을 선택한 이들이 많고, 관련 지원금도 늘어난 영향이다. 다장르가 어우러진 융복합 공연이 늘어나면서 각 극단이나 프로젝트팀의 단원 구성도 다양해졌다. 극단 아이컨텍은 연극영화, 실용음악, 무용, 이벤트연출 학과 출신이 함께 활동한다. 아이컨텍 박용희 연출은 "요즘은 저작권 문제도 예민해서 연극에 들어가는 음악이나 안무를 다 만드는 추세이며 배우와 작곡가가 함께 있으니 자연스럽게 '뮤지컬도 해 보자'라는 말이 나오고, 작업이 진행되는 것 같다."고 설명했다.

지역에 천착해 활동하는 것에 집중하는 극단도 나온다. 2017년 북구에 터를 잡은 극단 해풍은 '북구에서 연극하자'를 모토로, 지역에서 어린이·청소년·시민·실버극단을 창단했다. 극단 해풍은 2020년부터 감동진연극제를 운영하고 있으며 2022년에는 북구연극공동체 온을 출범시켰다. 극단 자유바다는 기장군 안데르센극장 위탁 운영을 맡아 어린이·가족극 작업도 같이 하고 있다. 극단 가마골은 〈우리동네 홈쇼핑〉이라는 제목으로 지역 소상공인과 함께하는 연극 작품도 올린다. 2022년 여름 기장편에 이어 겨울에는 영도편이 진행됐다.

최근 5년 이내 부산에서 창단한 극단은 10곳 정도이다. 1년에 두 개꼴로 극단이 새로 생기는 이유에 대해 한 연극인은 "선배들과 교류가 없는 영향일 것"으로 분석했다. "학교를 졸업하면 선배 극단에 들어가곤 했는데, 요즘은 선후배 사

극단 B급로타리 〈저널리즘〉

극단 가마골 〈우리 동네 홈쇼핑-기장편〉

극단 아센 〈위로-내가 당신을 헤아리며〉

2022 부산소극장연극페스티벌 출연진

박찬영 배우 연극 인생 50년 기념공연

청춘나비 〈살고싶다. 그림처럼, 시처럼〉

이에 네트워크가 없어 마음이 맞는 또래끼리 극단을 창단하는 경향이 있다.”고 전한 그는 후배들과 소통할 방법을 고민 중이라고 했다. 이에 대해 한 청년 극단의 대표는 신생 극단이 더 많이 생겨야 하는데 지역 환경 때문에 그렇지 못하다고 했다. 그는 “대학 졸업자도 줄고, 연기 전공자도 유튜브나 엔터테인먼트 쪽으로 빠지고 있어 최근에는 극단뿐 아니라 프로젝트팀을 만드는 경우도 거의 없는 것 같다.”고 안타까워했다.

젊은 연극인들은 부산에서 연극과 관련된 교육의 기회가 더 늘어나야 한다고 말한다. 연극 아카데미 같은 것이 없어 무대 기술 관련 세미나라도 들으려면 서울로 가야 한다는 것이다. 배우나 창작자 역량 강화 교육을 마련하고, 다른 지역이나 해외와의 교류도 더 활발해져야 한다는 목소리다.

결코 쉽지 않은 환경이지만 많은 이들이 부산에 터전을 잡고 연극을 하고 있다. 창단 5년 차 극단 판플의 양재영 대표는 말했다. “소극장에서 하는 연극 공연에는 예전부터 이어지는 맛이 있다고 생각합니다. 소극장 공연이 좋아서 소극장에서 공연을 많이 올리려고 합니다.” 전용극장이 없고, 프리랜서로 뛰어도 부산의 연극은 계속되고 있다.

네이호우 뮤지컬 〈나는 독립군이 아니다〉

소재지	극단	창단 연도	소재지	극단	창단 연도
금정구	극단 자갈치	1986	동래구	극단 오오씨어터	2015
금정구	공연예술 전위(극단 전위무대)	1963	동래구	극단 부산레파토리시스템	1978
금정구	극단 우릿	2018	부산진구	극단 예감	2019
기장군	극단 가마골	2002	북구	극단 따뜻한사람	2017
기장군	청춘나비	2009	북구	극단 해풍	2011
기장군	극단 도깨비	1988	사하구	프로젝트팀 이틀	2006
기장군	극단 자유바다	1993	사하구	극단 하늘개인날	1988
기장군	프로젝트그룹 배우다	2018	수영구	극단 부두연극단	1984
남구	극단 배우창고	2008	수영구	극단 동그라미그리기	1996
남구	극단 해프닝	2014	수영구	극단 등나무	2013
남구	극단 에저또	1996	수영구	극단 여정	2013
남구	극단 이야기	1996	수영구	부산연극제작소 동녘	1995
남구	공연예술창작집단 어니언킹	2004	수영구	극단 사계	2004
남구	극단 누리에	1997	수영구	극단 아이컨텍	2017
남구	공연예술교육단체 반올림	2017	수영구	극단 B급로타리	2016
남구	극단 액터스	1995	수영구	교육극단 꼭두	1987
남구	부산시립극단	1998	수영구	예술은공유다	2017
남구	극단 빅픽처스테이지	2020	수영구	극단 아쎈	2000
남구	극단 배우, 관객 그리고 공간	2004	수영구	드렁큰씨어터	2015
남구	극단 바라	1996	수영구	극단 율도	2017
남구	극연구집단 시나위	1997	수영구	극단 판플	2017
남구	극단 연	2009	수영구	아트레볼루션	2012
남구	아로새긴	2015	수영구	극단 물음피(?P)	2012
남구	문화소통연대 이야기	2011	연제구	극단 세진	2000
동구	문화판 모이라	2014	연제구	극단 새벽	1984
동구	극단 일터	1987	연제구	극적공동체 고도	2015
동래구	극단 이그라	2008	연제구	교육극단 고춧가루부대	2012
동래구	극단 바다와 문화를 사랑하는 사람들	1997	연제구	극단 한새벌	1973
동래구	극단 더블스테이지	2007	영도구	다원(다ONE)	2014
동래구	극단 맥	1986	해운대구	극단 잠방	2016

안데르센극장

3
금정구

금정문화회관

CampusD부산

가마골소극장

5
기장군

2
북구

부산북구
문화예술회관

소극장 624

부산학생예술
문화회관

신명천지
소극장

열린아트홀

동래문화회관

6
동래구

1
해운대구

여기는극장입니다

연제구

호로인디아트홀
소극장

5

소향씨어터
신한카드홀

해운대문화회관

강서구

사상구

다누림홀
사상문화원

1
부산진구

수영구

16

영화의전당

부산메트로홀

부산시민회관

가온아트홀

드림씨어터

일터소극장

소극장
6번출구

이댄틱
플레이스

레몽드리소극장

액터스소극장

에저또소극장

예노소극장

경성대
콘서트홀

하늘바람
소극장

용천지랄
소극장

서구

2
동구

민주공원

부산예술회관

초콜릿
팩토리
공간
소극장

해바라기
소극장

나다소극장

중구

BNK부산은행
조은극장

부산문화회관

16
남구

성원아트홀

을숙도문화회관

2
사하구

무대공감 소극장

영도문화예술회관

1
영도구

공공극장　　민간극장　60 구별 극단수

소재지	공공극장	객석 수(장애인석 포함)
금정구 구서동	금정문화회관 금빛누리홀	880
금정구 구서동	금정문화회관 은빛샘홀	394
기장군 장안읍	안데르센극장	242
남구 대연동	부산예술회관 공연장	240
남구 대연동	부산문화회관 대극장	1417
남구 대연동	부산문화회관 중극장	783
남구 대연동	부산문화회관 사랑채극장	312
동구 범일동	부산시민회관 대극장	1606
동구 범일동	부산시민회관 소극장	385
동래구 명륜동	동래문화회관 대극장	505
동래구 명륜동	동래문화회관 소극장	196
북구 구포동	창조문화활력센터 소극장 624	108
북구 구포동	부산학생예술문화회관 대극장	999
북구 구포동	부산학생예술문화회관 소극장	132
북구 덕천동	부산북구문화예술회관 공연장	345
사상구 학장동	다누림홀 사상문화원	210
사하구 하단동	을숙도문화회관 대공연장	717
사하구 하단동	을숙도문화회관 소공연장	210
영도구 동삼동	영도문화예술회관 봉래홀	428
영도구 동삼동	영도문화예술회관 절영홀	157
중구 영주동	민주공원 큰방(중극장)	419
중구 영주동	민주공원 작은방(소극장)	120 내외(블랙박스형)
해운대구 우동	영화의전당 하늘연극장	841
해운대구 좌동	해운대문화회관 해운홀	458
해운대구 좌동	해운대문화회관 고운홀	130

소재지	민간극장	객석 수(장애인석 포함)
강서구 명지동	성원아트홀	174
금정구 금사동	캠퍼스D부산	200
금정구 부곡동	신명천지소극장	80
기장군 일광읍	가마골소극장	83
남구 대연동	경성대 예노소극장	220
남구 대연동	경성대 콘서트홀	449
남구 대연동	공간소극장	50
남구 대연동	나다소극장	70
남구 대연동	에저또소극장	72
남구 대연동	용천지랄소극장	80
남구 대연동	초콜릿팩토리	164
남구 대연동	하늘바람소극장	83
남구 대연동	해바라기소극장	119
남구 문현동	드림씨어터	1727
동구 범일동	가온아트홀 1관	120
동구 범일동	가온아트홀 2관	70
동구 범일동	일터소극장	90
동래구 온천동	열린아트홀	80
수영구 광안동	부산메트로홀	160
수영구 광안동	어댑터플레이스	80
수영구 남천동	액터스소극장	60
수영구 남천동	레몬트리소극장	100
수영구 남천동	소극장6번출구	80
연제구 연산동	여기는극장입니다	72
연제구 연산동	효로인디아트홀 소극장	105
영도구 봉래동	무대공감 소극장 at 젬스톤	80~100
중구 남포동	BNK부산은행조은극장 1관	245
중구 남포동	BNK부산은행조은극장 2관	167
해운대구 우동	소향씨어터 신한카드홀	1134

부산시민회관 소극장　　　　부산문화회관 사랑채극장　　　　영화의전당 하늘연극장

부산 알린
〈부산행〉
부산 안 나오지만
부산서 찍었다

글 /
김은영

〈부산행〉 촬영 현장

2017년 대만 정부 초청으로 전 세계 26개국에서 모인 기자 28명이 타이베이에서 만나 자기소개를 할 때였다. "한국 제2의 도시 부산에서 온 김은영입니다."라고 운을 뗐다. 아시아 기자 대부분은 부산을 알고 있는 듯했지만, 유럽과 중남미에서 온 기자들은 서울이 아닌, 부산이 낯선 눈치였다. 때마침 한 미국 기자가 "혹시 〈Train to Busan 부산행 〉의 그 부산이냐?"고 물었고, 내가 "맞다."고 대답하는 순간, 여기저기서 "아, 그 부산!"이라며 웅성웅성했다.

알고 보면 〈부산행〉은 부산에 도착하기 전까지 스토리가 대부분을 차지해 부산의 실제 장면이 담길 이유는 없다. 그런데 영화에서 가장 촬영 분량이 많은 KTX 객차 내부를 부산영상위원회 Busan Film Commission, BFC 내 부산영화촬영스튜디오 세트에서 찍었다. 영화는 흥행에 성공했고, 부산이라는 도시를 알리는 데도 기여했다.

한 편의 영화가 보여주는 도시 홍보나 경제적 파급력은 두말하면 잔소리다. "부산 하면 영화, 영화 하면 부산영상위원회"라고 곧잘 말은 하지만, 의외로 부산 사람 중에서도 부산 로케이션의 인기를 실감하지 못하는 경우가 많다. 부산에서 살고 있지만, 의외로 잘 모르는 인기 촬영지는 없는지, 십수 년 전 랜드마크라고 생각한 건물이나 장소가 여전히 유효한지, 영화도시 부산의 위상을 더욱 다지기 위한 현안이나 과제는 없는지 살펴본다. '신문화지리지 시즌1 2009 '에서 얼마나 달라졌을지도 궁금하다. 2010년 이후 '부산 로케이션 인기 촬영지 100곳'으로 이야기를 풀어 나간다.

[부산에서는 하루하루가 영화다]

'부산 로케이션 인기 촬영지 100곳'을 분류한 뒤 가장 놀랐던 점은 시즌1에 이름을 올렸던 장소 70%가 바뀐 것이다. 시즌1의 자성대 고가도로 동구 나 광안리 미월드 수영구 처럼 지도상에서뿐만 아니라 현실에서 아예 사라진 곳도 있지만, 대부분은 새롭게 부상한 공간으로 인해 기존 촬영지 순위가 뒤로 밀린 것이었다.

그만큼 부산 촬영지가 다양해진 것으로 해석할 수 있겠다. 오랫동안 로케이션 지원 업무를 맡았던

BFC 이승의 경영지원팀장은 "10여 년 전만 해도 부산에서 영화를 찍었다고 하면 조폭·범죄·느와르 분위기를 주로 떠올렸는데, 지금은 로맨스의 배경이 되기도 하는 등 다양한 장르와 배경을 소화할 수 있게 됐다."고 말했다.

실제 부산에서 촬영한 영화·영상 편수는 1999년 BFC 출범 이후 2008년 말까지 10년간 장편 극영화가 228편이다. 그런데 코로나19 와중이던 2021년 한 해에만 10년치의 절반이 넘는 142편을 찍었다. BFC 출범 23년 ^{2022년 8월 기준} 성과로 치자면 1695편에 달한다. 특히 영상물 중 OTT ^{온라인 동영상 서비스} 는 2020년부터 촬영되기 시작해 지속적인 증가세를 보이는 것으로 파악됐다.

구 단위에서도 작지만, 변화가 느껴진다. 자연환경과 도심 풍경을 두루 갖춘 해운대구가 최근 13년간 평균 촬영 일수 138일로 부동의 1위를 차지하고, 기장군 ^{평균 49.5일} , 남구 ^{48.3일} , 수영구 ^{46.4일} , 중구 ^{43.8일} , 영도구 ^{42.7일} 가 엎치락뒤치락 2위 자리를 놓고 경쟁 중이며, 그 뒤를 부산진구, 동구, 서구, 사하구, 금정구, 연제구, 사상구, 동래구, 강서구, 북구가 이었다. 16개 구·군이 편차는 있어도 골고루 이름을 올렸다.

연간 촬영 일수를 따지면 더 큰 변화가 느껴진다. 2010년 이후 지금까지 두 해 ^{2010년 93일, 2012년 235일} 를 제외하면 '부산에서는 하루하루가 영화'라고 할 만큼 어디에선가 영화를 찍고 있음이 확인됐다. 2018년엔 연간 902일, 2017년엔 830일, 2014~2016년과 2021년엔 700일 이상 촬영했다.

부산에서 촬영한 영화·영상 편수

연도	합계	2000	2001	2002	2003	2004	2005	2006	2007	2008	2009	2010	2011	2012	2013	2014	2015	2016	2017	2018	2019	2020	2021	2022 (8월)
합계	1,695	18	40	45	42	36	61	83	78	72	63	71	60	61	78	92	93	98	88	124	88	85	142	77
장편 영화	607	10	13	19	24	18	30	43	43	28	30	23	26	24	24	35	38	28	32	33	28	22	22	14
영상물 (OTT)	1,088	8	27	26	18	18	31	40	35	44	33	48	34	37	54	57	55	70	56	91	60	63 (2)	120 (11)	63 (9)

※영상물은 TV드라마, OTT, 웹드라마, TV예능/교양, CF/홍보물, 뮤직비디오, 단편영화 등 포함

부산국제크루즈터미널 〈군함도〉 촬영 현장

부산의 촬영 랜드마크로는 광안대교가 시즌1과 시즌2 통틀어서 최다 촬영 일수를 기록했다. 광안리 해수욕장과 해운대해수욕장, 자갈치시장, 수영만요트경기장은 변함없는 촬영 명소로 꼽혔다. 마린 시티, 영화의전당, 영도선착장, 감천문화마을은 공개 시설로, 옛 충무시설 _{수영구 광안동 지하 벙커의 공식 명칭}, 옛 동부산대학교 _{해운대구} 는 비공개 시설로 관심을 끌고 있다.

[부산 영화영상산업을 이끄는 힘, BFC]

부산이 이처럼 '대한민국 넘버원 영화 인프라'를 갖춘 도시로 성장하는 데는 BFC의 역할이 컸다. 하지만 1년 365일 부산 어디선가 늘 영화를 찍고 있다고 하면 부산 사람조차 긴가민가한다. 감히 말하건대, 2022년 현재 설립 23년 차를 맞이한 부산영상위원회는 영화의 도시 부산을 이끈 숨은 공로자이다. 일반 시민은 실감이 나지 않을 수 있지만, 부산에서 영화를 촬영하는 국내외 영화인이라면 가장 먼저 떠올리는 곳이 BFC이다.

초량동 〈비와 당신의 이야기〉 촬영 현장

BFC는 최초의 설립 목적처럼 작품 분위기에 어울리는 촬영 장소 소개는 물론이고, 제작진이 머물 수 있는 숙소나 식당 정보를 제공하는 로케이션 지원 업무를 최우선으로 한다. 부산은 산과 강, 바다를 끼고 있어 독특한 자연 풍광을 자랑하는 데다 물류 시설이 풍부하고, 근대와 현대가 공존하는 도시환경, 풍부한 관광 인프라까지 갖춰 촬영하기에 좋은 도시 조건을 갖추고 있다.

이에 더해 BFC가 국내외 영화 촬영을 지원하면서 쌓은 노하우와 촘촘한 민관 네트워크에 이어 촬영 기자재 대여 업무를 담당하는 부산영상벤처센터, 영화 후반작업까지 아우르는 이른바 '원스톱 서비스'를 제공하면서 날개를 달았다.

청학동 폐조선소 〈특송〉 촬영 현장

2021년은 BFC 창립 후 역대 최다 촬영지원 편수를 기록해 '촬영하기 좋은 도시 부산'으로서의 명성을 다시 한 번 증명했다. 2022년은 제75회 칸영화제에 진출해 큰 성과를 올린 한국의 영화 세 편이 부산에서 촬영해 한껏 들뜨기도 했다.

박찬욱 감독의 〈헤어질 결심〉은 2020년부터 2021년 초까지 부산영화촬영스튜디오, 금정산, 기장 도예촌 등 23개 장소에서 촬영을 진행했다. 16개 구·군 중 무려 14개 구의 모습이 담겨 있다.

고레에다 히로카즈 감독의 〈브로커〉는 2021년 두 달가량 연산동, 전포동 등 부산 13개 로케이션에서 촬영을 마쳤다. 부산은 여정의 출발지가 되는 장소

영선대로 〈블랙팬서〉 촬영 현장

부산영화촬영스튜디오 〈헌트〉 촬영 현장

이기도 하다.

이정재 감독의 〈헌트〉는 2021년 5월부터 10월까지 50일가량을 부산에서 촬영했다. 부산영화촬영스튜디오 ^{23일간 촬영} 외에 옛 부산외국어대학교 우암캠퍼스, 영주고가교, 초량역 부근 도로, 부산진역 등 17곳의 부산을 스크린에 담았다. 이 감독은 이를 위해 6개월가량 부산에 머물렀다. 2021년 통틀어 최장기간이다.

〈헤어질 결심〉의 김현호 제작부장이 《영화부산》에서 털어놓은 발언이 의미심장하다. "한 지역으로 로케이션이 묶일수록 예산과 촬영 스케줄을 효율적으로 운영할 수 있기 때문에 제작팀은 다양한 공간을 두루 찾아다니며 꼼꼼히 살필 수밖에 없는데 부산에 로케이션 후보지가 눈에 띄게 많았다."는 것이다. 더욱이 로케이션 관련 행정, 허가 문제는 유관기관의 도움 없이는 해결이 불가능한데 BFC가 제시해 준 체계적인 프로세스 덕분에 복잡한 행정절차를 순조롭게 진행할 수 있었다고 김 부장은 덧붙였다.

흔히 말하는 로케이션 촬영 유치의 경제적 효과를 잘 보여주는 대목이다. 부산 로케이션 영화 ^{영상물} 제작업체가 부산지역에서 촬영을 진행하는 동안 숙박비, 식비, 인건비, 장비 대여비 등으로 지출하는 비용은 지역 경제에 직간접으로 영향을 미친다.

BFC의 촬영 유치 사업으로 부산에서 발생한 경제적 효과는 연간 약 220억 원 ^{BDI 분석} 으로 추산됐다. 이를 BFC의 20년간 활동으로 환산하면 대략 4400억 ^{220억 71만 원×20년=4400억 1418만 원} 에 달한다. 도시 홍보의 경제적 효과나 부산 관광지 발굴에 기여한 측면을 제하더라도 엄청난 수치가 아닐 수 없다.

그런 점에서 애플TV+ 오리지널 시리즈 〈파친코〉 ^{감독 코고나다, 저스틴 전} 사례는 두고두고 아쉬울 것 같다. 특히 영도는 주인공 '선자'의 고향이자 극의 스토리를 이끌어가는 중요한 배경 장치인데, 자갈치시장, 범일동 구름다리, 영도구청, 센텀시티역 등 열 군데서 6일간 로케이션을 진행했을 뿐이다. 〈파친코〉 같은 대작을 유치하기에는 스튜디오가 턱없이 부족했기 때문이다.

[로케이션만으로는 한계… 스튜디오 부족 해결이 관건]

부산영상위원회는 전국에서 가장 많은 로케이션 DB를 보유하고, 다년간의 촬영지원 노하우를 쌓으면서 수도권에서 가장 먼, 불리한 요소에도 불구하고 서울을 제외하면 지역에선 1위를 고수하고 있다.

하지만 부산의 성공에 자극받은 다른 지자체들이 경쟁에 뛰어들면서 국내 최고의 영화 촬영도시라는 위상을 유지하는 일은 점점 힘들어지고 있다. 2022년 현재 영상위원회는 전국적으로 12곳이 운영 중이다. BFC처럼 스튜디오를 운영하는 곳도 3곳 대전·전주·제주 영상위원회 이나 더 있다.

BFC 영상사업팀 양영주 팀장은 "스튜디오 촬영은 로케이션과 직결되기에 시설 확충과 보강이 불가피하다."고 강조했다. 장지욱 전략기획팀장은 "스튜디오 촬영을 하러 온 김에 실제 배경이 서울이라도 찍을 수 있는 곳이 부산"이라면서 "도로 세트까지 지은 국내 최대 규모를 자랑하는 'CJ ENM 스튜디오센터'만큼은 아니더라도 부산시에서도 스튜디오 설립에 대한 청사진을 내놔야 할 것"이라고 강조했다.

김윤재 스튜디오운영팀장은 "로케이션과 스튜디오의 원활한 연계는 부산영화촬영스튜디오의 강점"이라면서도 "OTT 시리즈물 제작이 늘어나면서 전국적으로 스튜디오 부족 현상이 나타나고 있다."고 말했다. 즉, 2개의 스튜디오를 운영하는 BFC 입장에서도 스튜디오의 확장은 계속되는 고민이다. 요즘은 작품의 크기나 규모가 커져서 250평, 500평 두 동으로는 규모가 작게 느껴지는 게 사실이다. 배주형 경영전략본부장도 "결국 영화영상산업은 규모의 경제이고, 규모 싸움에서 지면 뒤처질 수밖에 없다."면서 "여전히 내세울 게 로케이션밖에 없다는 건 정말 안타깝다."고 덧붙였다.

〈파친코〉 같은 대작이 와도 수용할 만한 스튜디오가 없다는 건 새겨들어야 한다. 부산은 다양한 숙

박시설에다 포스트 프로덕션 ^{후반작업} 등 인프라가 좋은 편이어서 로케이션 못지않게 스튜디오 촬영에도 기대를 걸 만하다.

'영화도시 부산'이라고 하면서 경찰서, 교도소, 병원 같은 영화 세트 하나 없다는 것도 부끄럽다. 약간의 미술만 가미하면 지역 영화인들도 활발히 사용할 수 있을 텐데 말이다. 코로나19가 터지고 병원 촬영 허가가 너무 힘들었다는 이야기는 안타까웠다.

그나마 시즌1과 비교해 크게 달라진 점은 '디지털베이 ^{부산영화촬영스튜디오 기술 인프라 구축}'에 버추얼스튜디오 시설 환경 개선과 시네마로보틱스 시스템, LED Wall, 메타스테이지 촬영시스템 구축 같은 첨단 시설·장비 인프라를 갖춘 점이다. 이를 통해 〈승리호〉〈낙원의 밤〉〈D.P〉〈야차〉〈무빙〉〈최종

국내 영상위원회 현황

기관명	창립연도	운영기관	사업범위
강원영상위원회	2017	강원문화재단	스카우팅 지원, 인센티브 지원, 기획개발·제작 지원
경기영상위원회	2005	경기콘텐츠진흥원	인센티브 지원, 기획개발·제작 지원, 영화유통 지원, 창작공간 지원
대전영상위원회	2003	대전정보문화산업진흥원	인센티브 지원, 제작 지원, 장비대여, 스튜디오 운영
부산영상위원회	1999	-	스카우팅 지원, 인센티브 지원, 기획개발·제작 지원, 후반작업 지원, 팸투어, 교육사업, 창작공간 지원, 촬영장비 대여, 스튜디오 운영
서울영상위원회	2001	-	스카우팅 지원, 인센티브 지원, 기획개발·제작 지원, 창작공간 지원
인천영상위원회	2013	-	스카우팅 지원, 인센티브 지원, 기획개발·제작 지원, 유통 지원, 팸투어, 교육사업
전남영상위원회	2003	-	인센티브 지원, 교육사업
전주영상위원회	2001	-	인센티브 지원, 기획개발·제작 지원, 후반작업 지원, 교육사업, 마케팅 지원, 촬영장비 대여, 스튜디오 운영
제주영상위원회	2018	제주영상문화산업진흥원	인센티브 지원, 기획개발·제작 지원, 후반작업 지원, 교육사업, 촬영장비 대여, 스튜디오 운영
청풍영상위원회	2005	제천문화재단	인센티브 지원, 교육사업
청주영상위원회	2017	청주시문화산업진흥재단	인센티브 지원, 기획개발·제작 지원, 교육사업
충남영상위원회	2015	충남정보문화산업진흥원	인센티브 지원, 기획개발 지원, 교육사업

병기 그녀 ^{가제}〉 등을 촬영할 수 있었다.

그 밖에 BFC가 현재 관리·운영하고 있는 영상산업센터, 부산3D프로덕션센터 ^{영상제작센터}, 부산영상벤처센터, BMDB ^{부산영화·영상인력DB}, 부산아시아영화학교 ^{이하 AFiS} 등도 주목할 만하다.

부산만의 특화된 스튜디오 건립이 필요하다. 영화진흥위원회가 부산으로 이전한 뒤에도 부산촬영소는 착공조차 못 하고 십수 년째 지지부진하다. 이제는 짓더라도 예산 때문에 당초 계획보다 상당부분 축소된 형태가 될 게 뻔하다. 한국 콘텐츠가 그 어느 때보다 세계적으로 주목받는 지금, 로케이션 유치 못지않게 실내·특화 스튜디오 건립을 적극적으로 고민해야 한다. 영화영상도시 부산의 도약을 기대한다면 더더욱 그렇다.

또한 이제는 촬영 지원 고도화로 체계적인 촬영 시스템을 갖추고 영상위원회 존립 근거와 고유 업무

부산영화촬영스튜디오 버추얼스튜디오

부산영화촬영스튜디오 버추얼 메타스테이지2(LED Wall)

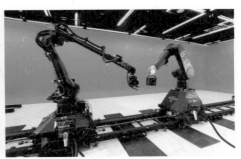

부산영화촬영스튜디오 장비(MRMC BOLT_BOLT-X)

를 보장하는 조례도 생겨난 만큼 로케이션 지원 담당자 지정이나 LA 등에서 도입하고 있는 로케이션 촬영에 따른 대가나 인센티브 제도 등도 검토할 만하다.

134

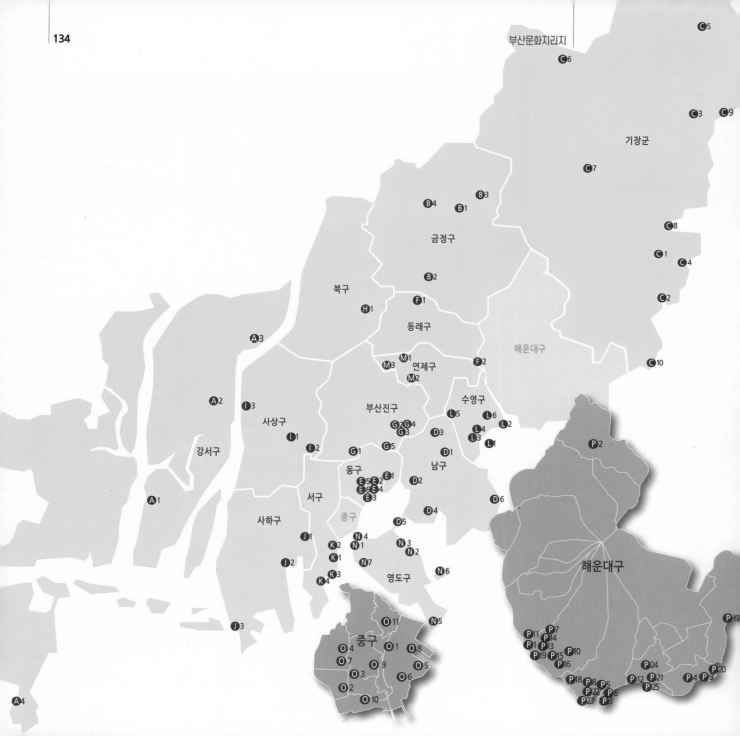

부산문화지리지

C5
C6
C3 C9
기장군
C7
C8
C1
C4
C2
C10

B4 B3
B1
금정구

북구   B2
    H1   F1
        동래구
            M1
        M3 연제구   F2
A3   M2
                수영구
A2 I3   L6
    사상구   부산진구 L5 L4 L2
    I1   G2 G4   L3 L1
강서구   I2   G1 G3 D3
            G5   D1
        동구   남구
            E1
        E5 E2   D2
        E6 E4   D6
서구   E3   D4
    사하구   D5
        중구
A1   J1   K2 N4
                K1 N1 N3
    J2   K3 N7 N2
            K4   영도구 N6

                    O11
                N5
                O1 O8
        O4 중구
        O7   O9 O5
            O3   O6
            O2
                O10

J3

P2

해운대구

P11 P7
P1 P14
P19 P13
P17 P15 P10
P16
P18 P8 P5   P24
P22 P6   P12 P21 P4 P9 P20
P23 P3   P25   P12

A4

강서구

A1	강서경찰서 / 헤어질 결심 / 검사외전
A2	김해국제공항 / 집으로 가는 길 / 언터처블(JTBC)
A3	대저생태공원 / 극비수사
A4	외양포 / 경성학교: 사라진 소녀들

금정구

B1	옛 침례병원 / 감쪽같은 그녀 / 증인
B2	부산대학교 / D.P(넷플릭스) / 악의 연대기
B3	부산영락공원 / 성난 변호사 / 봄, 눈
B4	부산외국어대학교 / 더 킹:영원의 군주(SBS) / 남산의 부장들

기장군

C1	기장군청 / 더 킹
C2	대변항 / 보안관
C3	동남권지력의학원 / 내부자들
C4	드림오픈세트장 / 엽기적인 그녀2
C5	기장 도예촌 / 엽기적인 그녀2 / 헤어질결심
C6	부산추모공원 / 의뢰인
C7	아홉산숲 / 군도: 민란의 시대 / 협녀, 칼의 기억
C8	일광해수욕장 / 뜨거운 피 / 쌈, 마이웨이(KBS)
C9	임랑해수욕장 / 특송 / 비와 당신의 이야기
C10	해동용궁사 / 마이네임(넷플릭스)

남구

D1	경성대학교 / 아이 캔 스피크 / 히트맨
D2	옛 부산외국어대학교 우암캠퍼스 / 수리남(넷플릭스) / 검사외전
D3	남부경찰서 / 서른, 아홉(JTBC) / 이 구역의 미친X(카카오TV)
D4	부경대학교 / 범죄도시2 / 반도
D5	부산항대교 / 공작 / 퍼펙트맨
D6	이기대공원 / 박수건달 / 기억의 밤

동구

E1	좌천동 매축지마을 / 인랑 / 사자
E2	문화공감수정(정란각) / 1987 / 말모이
E3	부산역 / 그날의 분위기 / 판도라
E4	국제여객터미널 / 협상 / 스물다섯 스물하나(tvN)
E5	초량동 주택가 / 우상
E6	초량 차이나타운 / 리얼 / 담보

동래구

F1	온천동 동래별장 / 코리아 / 해어화
F2	부산환경공단 수영사업소 / 외계+인 / 공작

부산진구

G1	동의대학교 / 마약왕 / 디 엠파이어: 법의 제국(JTBC)
G2	롯데호텔 부산 / 공작도시(JTBC) / 날아라 개천용(SBS)
G3	서면1번가 / 친구2 / 퍼펙트맨
G4	서면역(도시철도) / 감시자들 / 무방비 도시
G5	호천마을 / 쌈, 마이웨이(KBS) / 라이프 온 마스(OCN)

북구

H1	만덕터널 / 극비수사 / 범죄와의 전쟁

사상구

I1	사상구청 / 로봇, 소리 / 더 킹
I2	동서대학교 / 화장
I3	삼락생태공원 / 시체가 돌아왔다

사하구

J1	감천문화마을 / 루카: 더비기닝(tvN) / 설강화(JTBC)
J2	감천항 / 강철이 / 후아유(tvN)
J3	다대포해수욕장 / 브로커 / 국제시장

서구

K1	부산공동어시장 / 작은아씨들(tvN) / 패션왕(SBS)
K2	충무동 새벽시장 / 타짜: 신의 손 / 뜨거운 피
K3	송도해상케이블카 / 영화의거리
K4	송도해수욕장 / 석조저택 살인사건 / 깡철이

수영구

L1	광안대교 / 블랙팬서 / 보이스
L2	민락수변공원 / 시지프스(JTBC) / 장미맨션(티빙)
L3	부산시열린행사장 / 설강화(JTBC) / 언터처블(JTBC)
L4	충무시설 / 헌트 / 닥터브레인(애플TV+)
L5	황령산 / 보통사람
L6	부산MBC / 용의자

연제구

M1	부산고등법원 / 배심원들 / 배가본드(SBS)
M2	부산시청 / 베테랑 / 결정적 한방
M3	부산의료원 / 무서운 이야기2 / 소원

영도구

N1	깡깡이 예술마을 / 라이프 온 마스(OCN)
N2	송강중공업 폐창고 / 지금, 헤어지는 중입니다(SBS)
N3	영도구청 / 파친코(애플TV+) / 카운트다운
N4	영도대교 / 불한당: 나쁜 놈들의 세상
N5	태종대 / 파친코(애플TV+) / 한산: 용의 출현
N6	한국해양대학교 / 승리호 / 그린 마더스 클럽(JTBC)
N7	흰여울문화마을 / 변호인

중구

O1	40계단 문화관광테마거리 / 이별유예, 일주일(왓챠)
O2	BIFF 거리 / 완벽하나 스파이(KBS)
O3	국제시장 / 국제시장 / 화사한 그녀
O4	보수동 책방골목 / 적도의 남자(KBS)
O5	연안여객터미널 / 피랍 / 미쓰GO
O6	부산항만공사 / 도둑들 / 허스토리
O7	부평깡통시장 / 쇼핑왕 루이(MBC) / 쓰리 썸머 나잇
O8	북항1, 2부두 / 범죄와의 전쟁 / 우는 남자
O9	용두산공원 / 황제를 위하여 / 국제시장
O10	자갈치시장 / 응답하라 1997(tvN) / 퍼펙트게임
O11	코모도호텔 / 대미비 / 사랑의 불시착(tvN)

해운대구

P1	APEC 나루공원 / 신세계
P2	옛 동부산대학교 / 최종병기 앨리스(왓챠) / 옥수역 귀신
P3	누리마루 / 찌라시: 위험한 소문
P4	달맞이길 / 발신제한
P5	더베이101 / 이혼변호사는 연애중(SBS) / 안투라지(tvN)
P6	동백섬 / 판도라 / 좋은 친구들
P7	동서대학교 센텀캠퍼스 / 펜트하우스 시즌3(SBS)
P8	마린시티 / 더킹: 영원의 군주(SBS)
P9	미포-청사포 철길 / 당신, 거기 있어줄래요 / 지금, 헤어지는 중입니다(SBS)
P10	벡스코 / 기적 / 개인의 취향(MBC)
P11	부산문화콘텐츠콤플렉스 / 제보자
P12	부산아쿠아리움 / 무브 투 헤븐(넷플릭스)
P13	부산영상산업센터 / 교토에서 온 편지
P14	센텀서로 / 낙원의 밤 / 더킹: 영원의 군주(SBS)
P15	센텀시티 / 브이아이피 / 그냥 사랑하는 사이(JTBC)
P16	센텀시티역(도시철도) / 투모 / 파친코(애플TV+)
P17	송정해수욕장 / 오케이 마담 / 해피뉴이어
P18	수영만요트경기장 / 야차 / 은밀한 유혹
P19	영화의전당 / 마이 리틀 히어로 / 뷰티 인사이드(JTBC)
P20	청사포 / 연애의 발동 / 해운대 연인들(KBS)
P21	파라다이스호텔 부산 / 위험한 상견례 / 나쁜남자(SBS)
P22	해운대 두산위브더제니스 / 어게인 마이 라이프(SBS)
P23	영화의거리 / 발신제한 / 지금, 헤어지는 중입니다(SBS)
P24	해운대구청 / 댄싱퀸 / 희생부활자
P25	해운대해수욕장 / 개미가 타고 있어요(티빙) / 괴물(JTBC)

영화제는 BIFF'뿐?
영화제 너무 많다?
둘 다
지독한 편견

글 / 김은영

"영화제요? 부산국제영화제만 있는 것 아니었어요?" "이제 영화제가 너무 많은 건 아닌가요?" '신문화지리지 시즌1 2009'에서는 다루지 않았던 주제인 '부산의 크고 작은 영화제'를 취재하면서 만난 관계자들은 이런 말을 들을 때면 너무나 답답하다고 했다. 자기가 사는 지역에 도서관이 몇 개냐고 물으면 대부분은 턱없이 모자란다고 생각하는 것처럼, 영화제도 그런 개념으로 접근하면 좋겠다고도 했다.

어느 순간, 질문 자체를 바꾸게 됐다. "왜 영화제가 필요한가요?" "영화제가 필요 이상으로 많다고 이야기하는 분들에게 들려주고 싶은 말씀이 있다면요?" 그러자 되돌아온 답은 한결같았다. "'작은' 혹은 '다양한' 영화제는 더 많이 생겨야 한다."는 것이다. 그들이 영화제를 만들고, 지속하는 이유가 궁금해졌다.

적든 많든 부산시 예산이 들어가는 영화제는 11개. 그것들을 포함해서 부산에서 열리는 크고 작은 영화제는 40여 개 ^{이하 모든 기준은 2022년 현재} 에 달했다. 포털과 뉴스 검색을 하고, 영화의전당 협조를 받은 뒤 자체 홈페이지를 찾아서 유선전화로 일일이 확인하는 과정을 거쳤지만, '동네' 영화제나 '부대행사' 영화제는 빠질 수밖에 없었음을 미리 밝힌다. 한동안 지속했지만 폐지된 영화제도 지면 한계상 싣지 못했다.

[자타가 공인하는 국내 대표 영화제, BIFF]

국내 영화제의 역사는 1996년 출범한 부산국제영화제 ^{BIFF, 이하 비프} 성공에 힘입은 바 크다. 부천국제판타스틱영화제 ^{1997년} , 전주국제영화제 ^{2000년} , 제천국제음악영화제 ^{2005년} 등 여러 도시에서 새로운 국제영화제가 잇따라 만들어졌다. 영화제란 개념조차 생소하고, 시상 개념의 영화제 정도밖에 몰랐던 사람들에게 영화제의 기능이나 전망을 보여주고 로망을 갖게 한 것이 비프였기 때문이다.

한국영화데이터베이스 ^{KMDB} 에 따르면 한국에서 열리는 영화제는 156개로 나와 있다. 개중에는 없어진 영화제도 있고, 열리고 있는 영화제가 안 보이기도 한다. 영화제 관계자들은 대략 350개 정도로 추정한다. 많다면 많고, 적다면 적다. 바라보는 기준에 따라 다를 수밖에 없다. 부산평화영화제 박지연 프로그래머는 "부산국제영화제라는 너무나 큰 영화제를 본 사람들이 알게 모르게 기준을 비프로 생각하는데 그것은 아주 특수한 경우"라고 말했다.

2022년 들어서도 적잖은 영화제가 사라지거나 존폐 기로에 섰다. 지방자치단체의 예산 지원 중단에 따라 강릉국제영화제는 3년 만인 2022년 폐지됐다. 4회를 치른 평창국제영화제도 지속이 불가능해 졌다. 26년 전통 부천국제판타스틱영화제도 입길에 올랐다. 27년 역사를 자랑하는 비프라고 왜 부침이 없었을까마는 이 지면에선 논외로 두겠다.

[비프만큼이나 오래된 단편·독립영화제]

비프의 명성과 규모에 가려져 잘 알려지지는 않았지만, 부산에도 제법 오랜 역사를 자랑하는 영화제가 있다.

39회를 개최한 부산국제단편영화제가 대표적이다. 영화의 뿌리라고 할 만한 단편영화를 소개하는 매우 중요한 영화제다. 1980년 한국단편영화제로 출범해 7년간 격년으로 운영하다 2000년 부산아

2022 부산국제단편영화제 개막식

제24회 부산독립영화제 개막식

시아단편영화제, 2010년 ^{제27회} 부터 현재의 이름인 부산국제단편영화제로 확대, 개편됐다. 2012년 프랑스를 시작으로 중국, 스페인, 스웨덴, 오스트리아, 캐나다, 뉴질랜드, 스위스, 벨기에, 네덜란드, 리투아니아 등이 거쳐 간 주빈국 프로그램이 큰 호응을 얻고 있다.

부산독립영화제는 1999년 5월 '메이드 인 부산 독립영화제'로 시작해 2015년 부산독립영화제로 탈바꿈했다. 부산의 우수 영화인력을 발굴하고 독립영화 활성화를 최우선으로 하는 만큼 부산 영화를 소개하고 지역에서 활동하는 영화인들이 한자리에 모여서 독립영화의 성과와 의미를 되돌아본다. 다른 지역에서도 독립영화제가 열리지만 해당 지역에서 만든 영화로만 온전히 영화제를 개최할 수 있는 곳이 드문데, 부산독립영화제는 24회까지 한차례도 중단 없이 열리고 있다.

["영화(제)는 좋은 수단이나 매개 될 수 있어"]

부산이 '영화도시'로 명명된 데는 비프 덕이 크지만, 비프만으로는 설명할 수 없다. 부산에서 열리는 다수의 영화제는 특성과 규모, 지향하는 가치는 다르지만 부산의 영화문화를 대표하는 자산이다.

17회를 이어 온 부산국제어린이청소년영화제 ^{BIKY·이하 비키} 는 영화 관람 외에 영화를 매개로 한 체험과 교육 활동에 각별한 노력을 기울이고 있다. 김상화 집행위원장은 "비키에서 영화는 수단"이라면서 "영화를 통해 감성을 키우고 정서적으로 충만을 얻는 것이 목적이 되어야 한다."고 강조한다. 다만, 영화제의 주요 관객층이 어린이와 청소년이다 보니 충분한 정책적 관심과 지원을 받지 못하고 있다.

2022년 5회를 개최한 국제해양영화제 조하나 운영위원장은 "영화제는, 우리가 하고 싶은 이야기를 전달하기 위한 가장 핫한 플랫폼으로 선택한 것"이라고 표현했다. 비프는 영화 자체가 목적이겠지만, 해양이나 환경영화제처럼 특별한 목적을 가진 영화제들은 비프와는 다르다는 것이다. 영화 상영 후 GV ^{관객과의 대화} 를 할 때도 감독뿐 아니라 해양·환경·생태 전문가를 두루 투입하는 이유이기도 하다.

제9회 부산여성영화제를 주최·주관한 부산여성사회교육원 석영미 원장은 "강의 몇 시간 하는 것보다 영화 한 편을 봤을 때 더 뚜렷하게 주제의식을 전달하고, 논의의 장을 펼칠 수 있다."면서 "무엇보다 같이 모여서 본다는 데 의미가 있다."고 영화제가 갖는 의의를 설명했다. 석 원장은 그동안 2년에 한 번씩 개최하던 여성영화제를 2020년부터는 "어렵더라도, 작게라도" 매년 열자는 데 뜻을 모았다고 덧붙였다.

[비프처럼 화려하진 않아도 우리 방식대로]

자본의 논리가 영화의 다양성을 위협하지만, 여전히 국내외에서 영화의 잠재력과 가능성을 확인시켜주는 작품들이 만들어지고, 여러 방식으로 관객을 만나고 있다.

비프 기간에 맞춰 열리는 그림자영화제는 4회를 치렀다. "정부 지원사업 혹은 예술인 지원사업을 받지 않고 자립적으로 생존하는 시민 영화제"를 표방한다. 텀블러와 머그잔 등을 팔아서 후원금을 모은다. 그림자영화제 이수경 감독 집행위원장 은 "제가 만난 수많은 영화예술인이나 시민들은 아침부터 저녁까지 일하느라 비프에 가기 힘든 구조였다."면서 "화려한 영화제를 하는 기간이 더 외롭고 소외되는 경향이 있어 비프 기간에 영화제를 연다."고 밝혔다. 이들은 거리에서, 노동 현장에서, 카페에서, 마을에서, 극장에서 영화를 틀고, 공연을 하고, 관객과 만났다.

'작은영화영화제'를 이끄는 김미라 대표는 "보통 영화제라고 하면 1년에 한 번, 며칠씩 이벤트로 하는데 우리는 관객에게 좀 더 다가가고 싶어서 한 달에 한 번씩 개최한다."고 말했다. 비록 작은 상영회 형식을 띠고 있지만, '일상의 영화제'를 내건 만큼 쉼없는 영화제를 내세웠다. 60번째 상영회가 있던 2022년 9월 7일

제60회 작은영화영화제

김 대표는 "영화에는 상업영화뿐 아니라 독립영화도 있고, 장편도 있고 단편도 있다."면서 "1년에 1500편 이상 만들어지는 단편영화가 각자의 주머니(장롱)에 머물게 해서는 안 된다."고도 했다. 이날도 3편의 단편영화를 상영하고, 감독과 관객이 대화했다.

[콘셉트나 목적 생각하면 가성비 높은 영화제]

정부기관이나 지자체 지원을 받든 그렇지 않든 저마다 겪는 가장 큰 고충은 재정 문제다. 13회를 치른 부산평화영화제 박지연 프로그래머는 "이를테면 고추아가씨 축제처럼, 이야기하고자 하는 콘셉트와 목적을 생각하면 영화제가 상대적으로 저렴한 비용을 들이고도 거둘 수 있는 효과는 큰 편"이라면서 "작은 영화제를 더욱 강화해 나갈 필요가 있다."고 역설했다.

작은영화영화제의 김미라 대표는 "다양한 문화공간들의 상영관화를 제안했다. 영화를 상영할 수 있는 여건이 쉬워진 만큼 다양한 문화공간을 활용한, 특색 있는 상영회가 많아지면 좋겠다."는 것이다. '공간나라'처럼 프랑스 영화를 볼 수 있는 곳이 내 집 가까이 있다면 추리닝 입고 슬리퍼 끌고 가서 영화를 보며 문화를 제대로 누리는 것 아니겠냐고도 했다. 다만 아무리 소규모 상영회를 열더라도 영화 선정과 감독 초청, 배급(상영회)에 이르기까지 준비하는 과정이나 비용이 만만찮다고 털어놨다.

제1회 먼지[MZ]영화제를 공동 주최한 북구 화명동 복합문화공간 무사이 최용석 대표는 "요즘 청년들이 본의 아니게 개인화되어 있는데 영화제라는 과정을 통해 서로 간 소통의 중요성을 깨달았고, 무엇보다 청년들의 변화가 컸다."고 평가했다. 그러나 최 대표는 2022년엔 부산시의 청년 프로그램 지원을 받아 사업이 가능했지만, 지속 여부는 장담하지 못했다.

상영관 문제도 있다. 누구나 영화의전당 같은 시설에서 열 수는 없다. 부산평화영화제나 부산여성영화제는 중구 광복중앙로 BNK부산은행 아트시네마 3층 모퉁이극장 규모면 만족할 만하다고 했다. 문제는 그 건물엔 엘리베이터 시설이 없다는 것. 명색이 차별을 없애자는 이야기를 하는 영화제를 열면서 장애인 리프트 시설조차 안 돼 있는 곳을 상영 공간으로 정하려니 너무나 난감하다고 했다.

[중소형 영화제, 2023년 시 예산 삭감 소식에 허탈]

《부산, 영화로 이야기하다》를 펴낸 동의대 김이석 교수는 "부산이 영화제의 도시로 자리매김한 지도 꽤 오랜 시간이 지났다. 이제는 영화제 기간에 집중된 열기를 일상 속에서 지속시키고 확장시키는 노력을 해야 할 때"라고 지적한다. 아닌 게 아니라 비프가 처음 출범하는 시기에는 좋은 영화를 볼 기회가 제한돼 있었지만 이제는 조금만 부지런하면 좋은 영화를 고화질로 감상할 수 있게 되었다. 따라서 영화제의 존재 가치, 영화제의 역할 등에 대해 진지한 고민이 필요해졌다.

관객운동단체 모퉁이극장을 이끄는 김현수 대표는 "비프에 자극받은 시민들이 성장해서 직접 영화제를 만드는 시대가 도래했다."면서 "동네 작은 책방이나 독서 모임이 늘면서 독서문화가 커진 것처럼 영화 한 편도 그렇게 볼 수 있는 환경을 만들어가야 한다."고 주장했다. 다만, 이제는 "극장에 오는 것부터 동기부여가 필요할지도 모른다."면서 "영화 관람의 접근성은 확장되었지만, 영화를 보고 일어난 감흥을 나눌 장소는 여전히 부족하다."고 덧붙였다. 따라서 영화 향유 주체인 관객들의 역량 성숙을 통한 영화문화 활성화에 나서야 할 때라고 적시했다. 물론 우리가 알고 있는 큰 영화제가 늘어나야 한다기보다는 실핏줄 같은 골목길이 활성화되듯 '작은', 더 다양한 영화제가 만들어져야 한다는 의미일 게다. 그런 측면에서 모퉁이극장이 주관하는 관객영화제는 아주 신선한 시도로 여겨진다.

영화의전당 이소영 시네마테크 팀장도 "결국 어떤 예술이든 삶에 관해 이야기하는 수단이라는 건데, 영화만 하더라도 그나마

2022 제17회 BIKY 관객과의 대화

2022 국제해양영화제 개막식   제13회 부산평화영화제 개막식

적은 비용으로, 짧은 시간 안에 누릴 수 있는 호사가 아니냐."면서 "영화제가 너무 많다고 말하기보다는 본인의 기호에 맞는, 자기 감성에 어울리는 영화를 찾는 게 더 중요할 것"이라고 말했다.

이번 취재를 거의 마무리할 즈음, 안타까운 소식을 들었다. 부산시 지원을 받는 중소 영화제들의 2023년 예산이 대부분 삭감되었다는 것이다. 크든 작든 모든 영화제가 생존 자체를 힘들어하고 있음이 역력한데 거기서 또 줄여야 한다니 그저 갑갑할 노릇이다. 마지막으로 부산시민들에게도 묻고 싶다. "당신의 영화제 목록은 몇 개인가요?"

각종 영화제 포스터

부산에서 열리는 영화제(2022년 현재)						
구분	행사명	시작 연도	행사 기간	주최/주관	상영 편수	행사 내용
국제영화제작자 (FIAPF) 공인 영화제	제27회 부산국제영화제 (2022)	1996	10.5~14	(사)부산국제영화제	242편	우리나라 최대의 국제영화제
단편·독립 영화제	제39회 부산국제단편영화제 (2022)	2010(현재 명칭)	4.27~5.2	(사)부산국제단편영화제	154편	국내 및 전 세계에서 제작된 단편영화 발굴과 활성화
	서울독립영화제 순회상영회 '인디피크닉2022'	2004	9.12~18	(사)한국독립영화협회, 영화진흥위원회, 서울독립영화제	23편	독립영화의 저변 확대와 지역 상영 활동 지원
	제24회 부산독립영화제 (2022)	1999	11.17~21	(사)부산독립영화협회	50편	부산지역을 대표하는 독립영화 축제
청소년·대학생 영화제	제17회 부산국제어린이 청소년영화제(2022)	2006	7.8~17	(사)부산국제어린이청소년영화제	155편	어린이와 청소년이 주인이 되는 아시아 최대 규모 영화제
	2022 대한민국대학영화제	2022(부산)	11.19	(사)대한민국대학영화제	5~7편	대학영화의 현주소와 미래 충무로 영화인 발견의 장
해양·도시 영화제	2022 국제해양영화제	2018(현재 명칭)	7.28~31	부산광역시, 국제해양영화제조직위원회	29편	바다와 인간의 아름다운 공존을 위한 영화제
	제6회 부산인터시티영화제 (2022)	2017	9.2~4	(재)영화의전당·유네스코 영화 창의도시 부산, 부산독립영화협회	23편	유네스코 영화 창의도시 간 교류 확대
기후위기·환경 영화제	제1회 하나뿐인 지구영상제	2022	8.11~15	하나뿐인지구영상제 조직위원회, (사)자연의권리찾기	41편	기후변화가 주제로, 기후 위기의 심각성을 공유
	제12회 부산반핵영화제 (2022)	2011	12.23	반핵영화제조직위원회	5편	핵 위협으로부터 벗어나기 위한 시민 바람과 실천을 담은 영화제
여행·음식 영화제	2022 부산푸드필름페스타	2017	7.1~3	부산푸드필름페스타 운영위원회, 영화의전당	12편	영화산업과 식품산업의 융합을 통해 상생 방향 제시
	2022 부산여행영화제	2018	8.5~7	영화의전당, 부산관광공사, 비플	5편	영화와 관광의 융합, 각 산업의 상생과 활성화에 기여
아트·미술 영화제	아트와 영화	2017	상반기	영화의전당	미정	아트페어 기간 연계 프로그램
	Media art work screening	2016	반기별 1회	부산미디어아트 그룹 29.97, 영화의전당	7~10편	일상적 영화가 아닌 일탈의 영상들에 접근할 수 있는 기회
인권·여성· 노동·소수자 영화제	2022 부산락스퍼 국제영화제	2022(부산)	7.28~31	락스퍼국제영화제 전국협의회	26편	인권 운동의 대중화를 위한 영화제
	제4회 그림자영화제(2022)	2018	10.5~14	풍각쟁이 놀이마당	16편	화려한 부산국제영화제 기간에 맞춰 열리는 '그림자' 영화제
	제9회 부산가치봄영화제 (2022)	2014	10.26~29	영화의전당, 배리어프리영상포럼	11편	장애인과 비장애인이 함께 즐기는 영화 축제
	제13회 부산평화영화제 (2022)	2010	10.27~31	(사)부산어린이어깨동무	25편	평화를 위해 소통하고 공감하기 위한 영화제
	제9회 부산여성영화제(2022)	2009	11.25~26	(사)부산여성사회교육원	12편	여성을 위한, 여성의 시각으로 여성문제 전반을 다루는 영화제

구분	행사명	시작 연도	행사 기간	주최/주관	상영 편수	행사 내용
주한외국 대사관·문화원 영화제	제1회 라트비아영화제	2021	5월(격년 예정)	주한라트비아대사관, 영화의전당	8편	라트비아-한국 외교 30주년 기념 행사
	2022 카자흐스탄영화제	2022	6.24.~26	부산광역시, 부산국제교류재단, 주한카자흐스탄대사관, 영화의전당	8편	한국-카자흐스탄 수교 30주년, 주부산 카자흐스탄 총영사관 개관 기념
	제11회 아랍영화제(2022)	2013(부산)	7.19~24	한국-아랍 소사이어티, 영화의전당	7편	아랍의 다양한 국가 영화 소개와 문화 교류
	제11회 스웨덴영화제(2022)	2013(부산)	9.14~20	주한스웨덴대사관, 스웨덴대외홍보처, 스웨덴영화진흥원, 영화의전당	7편	스웨덴 영화를 통한 스웨덴의 삶과 문화 교류
	2022 아프리카영화제	2022(부산)	10.20~26	한아프리카재단, 영화의전당, 주한아프리카외교단	12편	아프리카 영화를 통한 삶과 문화 교류
	제10회 인도영화제(2022)	2012	11.18~20	주한인도대사관, 영화의전당	7편	인도 영화를 통한 인도의 삶과 문화 교류
	2022 헝가리영화제	2020(부산)	12.2~4	주한 리스트 헝가리 문화원	7편	헝가리 영화를 통한 헝가리의 삶과 문화 교류
관객 영화제	제8회 관객영화제(2022)	2015	12.10~15	영화진흥위원회, 관객문화협동조합 모퉁이극장	19편	'관객문화활동가'들과 함께하는 국내 최초 관객영화제
소규모 상영회 영화제	초록영화제	2007	매달	초록영화제 운영진	1편	극장에서 만나기 힘든 영화를 보고 이야기 나누는 커뮤니티 영화제
	작은영화영화제	2017	매달 (짝수달은 영화의전당)	작은영화공작소, 영화의전당	3~12편	독립영화 저변 확대 및 활성화를 위한 상영회
	작은영화콘서트	2016	매달	(사)한국영화인총연합회 부산시지회	1편	부산 시민과 함께하는 영화 소통 프로젝트. 상영 후 '영화it수다' 진행
	AfiS와 함께하는 KAFA 씨네토크	2021	연간 3~4회	한국영화아카데미, 부산아시아영화학교	1편	부산아시아영화학교(AfiS)와 한국영화아카데미(KAFA)가 함께하는 씨네토크
	아세안 영화주간	2019	3월 중(격년)	KF아세안문화원	15편내외	아세안 최신 인기 영화 상영회
	아세안 테마 영화 상영회 -아세안 오디세이	2022	3.19~10.23	KF아세안문화원	17	음식 가족 등 4가지 테마로 마련한 아세안 영화 상영회
	2022 산복도로 옥상달빛극장	2015	7.26~9.7	부산국제단편영화제	28편	문화 접근성이 떨어지는 산복도로 지역을 찾아가는 상영회
	2022 찾아가는 달빛극장	2016	8월 말~11월	부산국제단편영화제	25편	영화관을 방문하기 어려운 지역민을 위한 상영회
	제1회 먼지[MZ]영화제	2022	9.17~23	엔지디(NGD), 무사이, 네시오십분	14편	부산 북구 청년들이 직접 참여하고 기획한 청년공감영화제
	2022 망미, 영화 나들이	2021	10.27~29	영화문화협동조합 씨네포크	8편	동네 문화공간을 활용한 네트워크형 마을극장 축제
	제4회 급이 있는 영화제	2019	11.4~5 (이태원 참사로 취소)	영상물등급위원회	3편	등급 분류 제도에 대한 이해를 높이고 시민 소통 확대
공모 영화제	2022 부산시민영화제	2019	10.22	(사)한국영화인총연합회 부산시지회	3편	부산 배경으로, 부산시민이 직접 제작한 15분 내외 단편 시나리오
	2022 자몽自夢프로젝트 '051영화제'	2017	11.12	부산시사회복지협의회, 부산광역시, 부산일보사	11편	사회복지와 관련된 '51초' 영화와 다양한 스토리 공모
영화상	2022 부일영화상	1958	10.6	부산일보사		국내 최초의 영화상. 1973년 중단됐다가 2008년 부활
	제23회 부산영화평론가협회 시상식(2022)	2000	12.9	부산영화평론가협회, 영화의전당		부산영화평론가협회 시상식

기울어진 운동장서
뛰어도
세계가 알아본
부산스러운 밴드

글 / 김효정

사상인디스테이션 공연

부산의 인디밴드들은 '기울어진 운동장'에서 달리며 메달을 따는 괴력을 보여주고 있다. 수도권에 비해 절대적으로 열악한 상황이지만, 한국을 넘어 세계에 이름을 알리는 밴드도 등장하고 있다. 음악성으로만 평가해 일명 '한국판 그래미상'으로 불리는 '한국대중음악상'에서 부산밴드 '소음발광'은 2022년 주요 부문 2관왕을 차지했다. 소음발광의 멤버 강동수는 "부산 인디 씬은 작지만 반짝인다. 사라졌다고 여기는 가치와 낭만이 있다. 지금보다 더 많은 사람들과 이 낭만과 가치를 나누고 싶다."라는 수상 소감을 남겼다. 이렇게 부산 인디 뮤지션들은 중앙에서 큰 관심을 받고 있지만 정작 지역에선 그 진가를 아직 모르고 있는 듯하다.

[인디 성지, 홍대를 넘은 부산 뮤지션들]

2022년 3월에 열렸던 제19회 한국 대중음악상 주요 부문 후보에 부산에서 활동 중인 밴드 3팀이 올랐다. 브릿팝의 감성을 가진 밴드 '검은 잎들'은 최우수 모던록 노래 부문에 첫 정규 앨범의 타이틀곡 〈책이여, 안녕!〉을 올렸고, 최우수 모던록 앨범 부문은 '보수동쿨러'가 첫 번째 정규앨범《모래》로 당당히 한 자리를 차지했다.

보수동쿨러는 2017년 결성돼 이듬해 싱글 앨범《죽여줘》를 발매했다. 독특한 음색의 보컬, 솔직한 가사가 매력적이며 인디 음악계의 신예를 소개하는 네이버 온스테이지에 출연했다. 보수동쿨러만의 독특한 음악적 감성을 가지고 있어 이들의 음악에 푹 빠지는 팬들이 늘고 있다.

두 번째 정규 앨범《기쁨, 꽃》과 최우수 록 노래 〈춤〉으로 한국대중음악상에서 2개의 트로피를 쥔 소음발광은 2016년에 결성된 부산 밴드이다. 이름 그대로 무대에서 폭발적인 에너지를 선보이며 관객의 사랑을 받고 있다.

부산의 인디 뮤지션 중 현재 대중에게 가장 유명한 밴드는 '세이수미'이다. 2012년 결성돼 줄곧 활동했지만 정작 이들의 진가를 알아본 건 외국 레이블이었다. 2017년 영국 레이블 댐나블리가 세이수미의 공연을 보고 반해 계약을 체결했고 이후 외국에서 음반 발매와 현지 투어를 진행하고 있다.

세이수미는 레전드 팝스타 엘튼 존이 직접 소개한 밴드이기도 하다. 자신이 진행하는 애플의 라디오 프로그램 'Rocket Hour'에서 55분짜리 방송 프로그램 제목을 아예 'Introducing Say Sue Me 세이수미 소개하기'라 붙이며 세이수미의 음악을 극찬했다. 코로나로 힘든 시기에도 세이수미는 한국과 유럽, 북미 온라인 콘서트를 성공리에 끝냈고 해외 투어가 계속 이어지고 있다.

2017년 부산에서 결성된 '더 바스타즈'는 2018년 500여 팀이 출전한 뮤지션 경연에서 1위를 차지하며 세계적인 래퍼 스쿨보이큐와 합동 공연했다. '우주왕복선싸이드미러'는 EBS 스페이스공감 '올해의 헬로 루키'에 지역 참가자로 처음 선정됐고, 독보적인 감성의 인디팝 밴드 '해서웨이', 구수한 그루브가 인상적인 '아이씨밴드', 국악과 밴드의 흥을 모두 즐기는 '루츠리딤', 1960년대 로커빌리를 구사하는 밴드 '하퍼스', 얼터너티브 록 밴드 '더 튜나스', 팝펑크 밴드인 '밴드 기린', 하드록 밴드 '시너가렛', 위로받고 싶은 마음을 노래한다는 밴드 '폴립' 등 자신만의 음악세계를 구축한 부산 밴드들은 계속 늘어나고 있다.

사상인디스테이션의 운영을 맡고 있는 부산문화재단 송봉근 씨는 "서울은 경쟁이 치열하다 보니 인

해서웨이   세이수미

기를 얻기 위해 트렌드를 쫓아가는 경향이 있다. 그러다보니 음악 색깔이 비슷해진다. 부산은 분위기가 다르다. 인기 경쟁, 트렌드 경쟁 없이 뮤지션들이 하고 싶은 음악을 할 수 있어 개성적인 음악이 탄생하고 있다."고 소개했다.

[우리의 무대를 지켜 주세요!]

인디 음악과 밴드 공연을 만나는 주요 무대이자 공연장은 라이브클럽이다. 부산의 인디 밴드와 뮤지션들 역시 지난 20여 년간 라이브 클럽에서 팬들을 만났다. 지역의 인디 뮤지션들을 키웠던 이 공간들은 안타깝게도 코로나19라는 예상치 못한 복병을 만나며 많이 사라졌다. '우리의 무대를 지켜 주세요'는 대한민국 인디 성지로 통하는 서울 홍대 라이브 클럽을 살리기 위한 구호였고 동시에 부산의 대표 라이브클럽 중 하나였던 '15피트언더'가 문 닫기 전 걸었던 문구이기도 하다.

2022년 현재 부산에서 매주 기획 공연을 올리는 라이브클럽은 경성대 근처 오방가르드가 유일하다. 2018년 시작해 코로나 시국에서도 방역 수칙을 지키며 꿋꿋하게 공연을 이어왔다. 인디밴드와 뮤지

라이브클럽 노드

오방가르드 '칩앤스위트' 공연

션 공연뿐만 아니라 테마 행사와 다양한 문화 행사들이 펼쳐지며 오방가르드는 라이브클럽이자 지역의 복합문화공간으로서 역할까지 겸하고 있다. 오방가르드는 사실상 부산뿐만 아니라 전국 밴드들이 찾아오는 라이브클럽으로 통하고 있다.

힙합공연과 디제잉쇼, 미술 창작 스튜디오를 겸하는 경성대 근처 라이브클럽 노드는 10대 후반, 20대 초반의 예술가들이 모이며 부산에서 젊은 예술가들이 뭉치는 곳으로 유명하다. 음악공연뿐만 아니라 영상, 공연 퍼포먼스가 더해지며 가장 젊고 혁신적인 형태의 문화 공연을 만날 수 있다. 특히 디제잉쇼가 메인으로 올라오는 공간이 거의 없다는 점에서 노드는 라이브클럽 중에서도 귀한 존재로 자리매김하고 있다.

부산대 근처 무몽크와 인터플레이클럽, 경성대 근처 바이널언더그라운드에서도 인디 뮤지션 공연이 자주 열리며 부산문화재단이 운영하는 사상인디스테이션도 부산 뮤지션들을 지원하는 무대를 올리고 있다. 아직은 코로나 팬데믹으로 인해 예전만큼 공연 횟수가 많지 않다는 점이 아쉽지만 차츰 다시 활기를 찾고 있다.

지역의 라이브클럽들은 평소 무료 공연도 자주 올리고 있다. 라이브클럽 공연의 매력을 좀 더 많은 사람들에게 소개하고 싶다는 마음에서다. 라이브클럽이 지역의 문화를 활성화하는 공간으로 충분히 역할을 하고 있다는 뜻이기도 하다.

KT&G상상마당 부산은 오방가르드와 더불어 부산에서 가장 많은 인디 뮤지션 공연이 펼쳐지는 곳이며 가장 좋은 시설의 인디음악 공연장이기도 하다. 자체 기획 공연 외에도 부산음악창작소와 협업으로 지역 아티

상상마당 루프톱 버스킹

상상마당 야외 공연

스트 지원 공연을 진행하며 실외 버스킹존, 옥상 루프톱 콘서트 등 3개의 공연장이 운영되고 있다. 3개의 공연장에서 다양한 형태의 공연 실험이 가능하다는 사실도 이곳만의 장점이다.

신인 밴드를 지원하고 성장을 돕는 프로그램과 멘토 프로그램, 밴드 역량 강화 프로그램, 아티스트 멤버십 프로그램 등을 통해 지역 음악 시장 자체를 키우기 위한 노력을 병행하고 있다.

이렇게 라이브클럽은 지역 뮤지션을 키우고 인디 음악 공연을 펼치는 공연장이지만, 안타깝게도 대부분 문화공간으로 인정받지 못하고 있다. 음료를 팔기 위해서 일반 음식점으로 등록하다 보니 문화공간 지원 사업에서 사실상 배제되고 있다.

오방가르드만 해도 한 해 100회 이상의 공연이 열리지만, 2022년 공연장 지원 사업에서 이 같은 이유로 탈락했다. 오방가르드 운영진은 "장르의 특성을 전혀 고려하지 않은 기준이다. 전설적인 밴드 비틀스도 펍에서 공연했고 세계 곳곳에서 지금도 유명 밴드 공연이 라이브클럽에서 펼쳐지고 있다. 인디뮤지션에게 라이브클럽은 공연장이며 관객에게는 인디 뮤직을 즐길 수 있는 문화공간이다. 식음료 판매가 주요 목적이었다면 이렇게 공연을 올리기 위해 고생하며 운영하지 않았을 것이다."라고 토로했다.

라이브클럽은 공연장, 문화공간으로서의 역할뿐만 아니라 관광도시 부산이 내세울 수 있는 특색 있는 관광지이기도 하다. 실제로 외국 여행 갈 때 많은 사람들이 유명한 라이브클럽이나 재즈 클럽을 많이 찾고 있다. 라이브클럽 운영진들은 부산시가 좀 더 전향적으로 라이브클럽을 지원하고 관광자원화할 수 있는 방안을 찾아야 한다고 요구하고 있다.

공연장뿐만 아니라 뮤지션 지원 프로그램도 장르의 현실을 모른다는 비판이 있다. 노드에서 만난 한 뮤지션은 "지난 주말 공연했는데 70만 원으로 모든 공연을 끝냈다. 지원 금액을 일괄적으로 정하지 말았으면 좋겠다. 공연에 따라 액수는 더 적게, 횟수는 더 많게, 사용 범위는 더 자유롭게 운영하는 것이 바람직하다. 실제 판이 어떻게 흘러가고 있는지 알고 이에 맞게 장르를 활성화시킬 수 있는 유연한 지원책이 꼭 필요하다."고 말했다.

[지역의 기획사 설립, 음악 프로그램 절실]

부산 인디 뮤지션들의 가장 큰 고민은 방향성과 홍보이다. 라이브클럽에서 공연하고 부산음악창작소의 지원으로 싱글, 혹은 미니 음반을 내고 운 좋으면 록페스티벌이라는 큰 무대에 서기도 한다. 그리고 대다수 뮤지션은 다음이 없는 것 같은 벽에 부딪친다. 이 벽을 넘지 못해 부산의 많은 밴드가 해체하기도 하고 활동 중단이 길어지기도 한다.

서울은 관련 음악 기획사, 프로듀서들이 많아 다음 단계에 대한 도움을 받을 수 있다. 다른 형태의 시도를 하기도 하고 방송 프로그램을 포함해 다양한 무대에 노출되며 밴드가 성장하는 반면, 부산은 제자리에 맴도는 상황이다.

간혹 부산 뮤지션이 서울 방송사 오디션에 참가하기도 하는데, 출연료도 없고 지역에서 기존에 하던 일을 접고 서울을 오가야 하는 현실이 감당하기 힘들다. 오디션에 최종 합격할지, 그 이후 활동이 어떻게 될지 보장도 받지 못한 채 자신의 모든 것을 접고 서울 오디션에 도전하는 건 너무 큰 희생이라는 말이다. 그럼에도 부산의 여러 밴드들이 이런 도전을 해야 할지 고민하고 있다.

김종군 민락인디트레이닝센터장은 "마케팅을 담당하고 음악적인 방향을 고민하며 발전을 의논할 수 있는 전문기획사나 프로듀서, 레이블들이 지역에 꼭 필요하다."고 조언한다. 기획이나 제작 인프라가 좀 더 확대되어야 한다는 말이다.

KT&G상상마당 부산의 박말순 팀장은 "음악성이 탄탄한 지역 밴드는 많아졌지만 기획, 마케팅, 팬 관리, 네트워킹까지 챙기는 지역 밴드가 드물다. 그러다 보니 부산 밴드의 공연은 티켓 파워로 연결되지 못한다."고 전한다. 박 팀장은 "실제로 부산 밴드 단독 공연으로는 아직 공연장을 매진시킬 수 있는 여건이 안되는 것 같다."고 조심스럽게 밝혔다.

뮤지션들은 한목소리로 부산 밴드를 알리고 성장을 이끌 수 있는 실질적인 통로가 필요하다고 지적한다. 지역 뮤지션의 음악을 소개하는 지역 방송사 프로그램이 절실하고, 싱글이나 미니음반이 아니라 음악 산업에서 인정받는 정규앨범이 나오도록 실질적인 지원도 중요하다. 부산 인디 씬을 알리는 잡지와 위치 기반 앱을 만든다거나, 지역 기반 뮤직 페스티벌이 계속 이어지는 것도 꼭 필요하다고 호소한다. 이를 위해서는 인디음악 공연을 기획할 수 있는 전문 기획자와 무대 기술자를 양성시키는 노력도 필요하다.

BNK부산은행은 올해 영상 전문가를 섭외해 부산의 명소에서 부산 밴드 공연을 촬영한 후 유튜브에 올려 좋은 반응을 얻었다. 지역의 기업이 밴드 영상 작업을 지원했다는 점이 신선했고 무엇보다 전문가가 투입돼 질 높은 뮤직비디오를 탄생시켰다는 점에서 참여 밴드와 팬 모두가 만족했다. 다만 '부산스러운 라이브'는 부산 밴드를 알리는 색다른 시도였지만, 6개 밴드에서 중단되며 아쉬움을 남겼다. 내년의 예산 편성과 사업 진행 역시 불투명한 상태이다.

외국 공연을 꾸준히 하고 있는 세이수미 기타리스트 김병규 씨는 "인디 씬을 부흥시키기 위해서는 라이브클럽에 대한 실질적인 지원과 함께 뮤지션의 성장을 이끌 수 있는 지속적인 시스템이 중요하다."고 강조했다.

밴드가 유명 페스티벌 초대를 받거나 유명 클럽의 공연 기회를 잡으려면 꾸준한 공연 이력, 정규 음반 출시 등이 중요해 일회성으로 그치는 지원은 실제 밴드의 성장으로 이어지지 못한다는 지적이다.

보수동쿨러

부산음악창작소 지원을 받은 인디 밴드 앨범 재킷

밴드명	장르	밴드명	장르	밴드명	장르	밴드명	장르
검은잎들★	록(모던록),팝	문지은	재즈	엔드와이	랩, 힙합	주현우★	랩
곡두	포크	미역수염	록, 인디	연푸름★	힙합, 알앤비	지미챙	랩, 힙합
과매기★	하드코어,메탈	민주신★	재즈	옐로은	발라드	차오름	랩, 힙합
굿바이웬디	팝, 록	바나나몽키스패너★	개러지 록	오느린윤혜린★	포크	천세훈★	재즈, 발라드
권눈썹	발라드,인디	바크하우스	메탈	오함마	메탈	최언서	포크, 인디
KYHO(기호)	알앤비,어반	박소은	인디록	온가영	포크,팝	초콜릿벤치★	어쿠스틱팝
김건우	인디	박정웅	록	올 아이 해브	록	취급주의	록
김영웅	포크	박현정★	월드뮤직	올옷	포크	칠린캣	알앤비, 어반
김일두	포크,인디	버	록, 인디	우린기태	록	칩 앤 스위트★	인디
김산성★	랩, 힙합	배수정★	힙합, 알앤비	우주왕복선싸이드미러★	포크,팝록	카우칩스	록
김종운★	랩	밴드 88★	록	운치	알앤비 솔	콩브로	어쿠스틱
김태춘	포크	밴드 나인즈★	인디	원다★	스위트록	쿠나(KUNA)★	레게
김형진	어쿠스틱	밴드네요	얼터너티브록	윙크차일드테퍼스★	스윙	퍼프 트와이스	랩, 힙합
낄낄★	힙합	밴드 흥	록	유예성★	포크, 인디	폴립	록
나다은★	팝, 록	밴드 기린★	록, 팝	유오림	인디음악	프루츠 버니	알앤비, 어반
나까(NACCA)	얼터너티브	밴드 세나	국악크로스오버	유자★	힙합	토다	아트록
나의 나타샤	인디	버닝소다★	록, 인디	윤★	힙합, 알앤비	하퍼스★	로커빌리
나의 노랑말들★	팝, 록	보수동쿨러★	포크록, 인디	윤도경	포크, 록, 인디	현온★	인디, 포크
닐★	랩, 힙합	빌로우	힙합	윤진경	인디	해노★	포크
네요	록, 인디	사형집행단★	데스메탈	이경원	랩, 힙합	헤쉐웨이	록, 팝
다이아몬드브릿지★	재즈팝	사이드카	록	이그린	발라드,인디	해성★	알앤비, 어반
노이마	발라드	삼십칠도★	발라드	이내★	포크	헤드터너★	록
단진자	포크	서울부인★	얼터너티브하드록	이너사이드시그널	록	휴고(HUGO)	팝, 록,펑크
달민★	인디, 포크	세이수미★	록, 인디	이사흘	인디	4.5층	록
더 바스타즈★	록	소낙	록	이성열★	랩,힙합	9차원	알앤비, 어반
더 튜나스	록	소년민	포크, 블루스	이온★	랩, 힙합	bann	록
드레드노트★	메탈	소수빈	인디, 가요	이창협	록	BLACKTB	랩, 힙합
라이믹스	랩, 힙합	소음발광★	포스트펑크	이하윤	랩, 힙합	B9★	얼터너티브, 록
라펠코프	록, 인디	수연★	포크, 발라드	인호수	인디, 포크	ddbb	록
레드클라인	메탈	시너가렛	록, 인디	임준형	팝,록,인디	EK★	힙합
로스코	힙합	시수★	포크,팝, 컨트리	장지용	재즈	face your wrath	메탈
루즈마이메모리★	이모코어	아로미★	팝	장마★	드림팝	From2020	가요, 인디
루즈네그라	재즈, 인디	아이씨밴드★	포크	쟁반땅콩	포크,인디	ILIOS★	힙합
루츠리듬★	퓨처국악	아이시블루이★	힙합	정(JUNG)	랩, 힙합	J BONE★	발라드
마그밴드	모던록	아코프로젝트	재즈	정불타	랩, 힙합	panda get dummy★	베드룸팝
마라	메탈	앤디즈데이즈	록	정홍일	메탈, 록	SEOKHYEON★	신스팝
모노맨★	팝	언더헤이즈	메탈	제이통★	랩, 힙합,인디		
모멘츠유미★	팝포크	언체인드	록	조연희★	록, 인디		
문사출	메탈	에요	랩, 힙합	조태준과 부산그루브	트로피칼 뮤직	★는 부산음악창작소 지원 음반 발매	

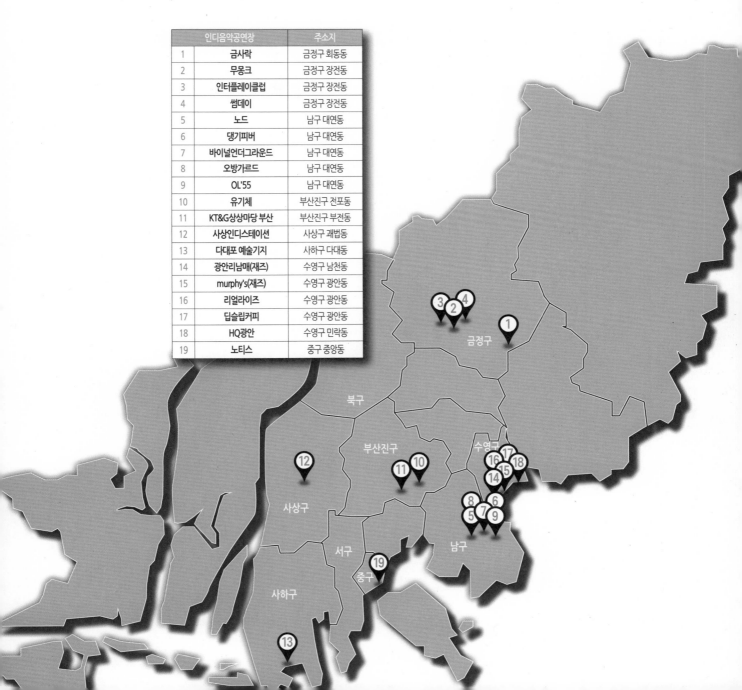

	인디음악공연장	주소지
1	금사락	금정구 회동동
2	무몽크	금정구 장전동
3	인터플레이클럽	금정구 장전동
4	썸데이	금정구 장전동
5	노드	남구 대연동
6	댕기피버	남구 대연동
7	바이널언더그라운드	남구 대연동
8	오방가르드	남구 대연동
9	OL'55	남구 대연동
10	유기체	부산진구 전포동
11	KT&G상상마당 부산	부산진구 부전동
12	사상인디스테이션	사상구 괘법동
13	다대포 예술기지	사하구 다대동
14	광안리남매(재즈)	수영구 남천동
15	murphy's(재즈)	수영구 광안동
16	리얼라이즈	수영구 광안동
17	딥슬립커피	수영구 광안동
18	HQ광안	수영구 민락동
19	노티스	중구 중앙동

#JUNGKOOK
#JIMIN

LOVE FROM BLACK N WHITE
LOVE FROM C-ARMY

연기자 가수
전방위 활약,
영화 제작 분야까지
부산 파워

글 / 남유정

BTS 정국 지민 벽화

"부산 사나이답게 묵묵히 배우 생활하고 있습니다.
부산 촬영이 있으면 큰 힘을 받습니다." (조진웅)

"고향 부산은 정말 귀한 곳입니다." (정우)

"부산에서 부일영화상을 받으니 금의환향한 기분이에요." (임시완)

"푸른 광안리 바다 보면서 연기 연습한 시간이 배우 생활 자양분이에요." (윤사봉)

"부산의 딸 자랑스럽게 돌아왔습니다." (김슬기)

"부산은 저를 꿈꾸게 한 곳이에요." (안보현)

"고향 부산은 제게 언제나 따뜻하고 너른 품이죠." (박세완)

스크린과 브라운관을 종횡무진하고 있는 부산 출신 배우들이 《부산일보》와 인터뷰에서 한 말이다. 10여 년 전 '신문화지리지 시즌1 2009'에서 114명이었던 부산 출신 대중문화인은 2022년 기준 1128명으로 껑충 뛰었다. 셀 수 없을 정도로 가파르게 증가한 덕분에 부산영상위원회의 부산영화영상인력 DB BMDB 와 포털사이트 지식백과, 각 연예기획사에 문의해 얻은 결과를 '일일이' 추렸을 정도다. 활동 분야와 무대도 넓어졌다. 영화·드라마·뮤지컬 배우와 가수, 코미디언, 프로듀서 등 극장과 OTT 온라인 동영상 서비스, 안방극장 채널, 무대와 웹 콘텐츠에서 어렵지 않게 볼 수 있다. 2022년 부산 출신 대중문화인의 활동을 중심으로 달라진 대중문화계 흐름을 살펴봤다.

[웹드라마·OTT·방송⋯활동 폭 넓혔다]

부산 출신 대중문화인이 10년 새 큰 폭으로 뛸 수 있었던 건 달라진 미디어 환경이 큰 역할을 했다. 과거 KBS·MBC·SBS의 지상파 3사와 충무로 영화판을 중심으로 콘텐츠가 제작됐다면, 이젠 웹드라마·OTT 등 플랫폼이 다양해지면서 활동을 여러 방향으로 할 수 있어서다.

대표적인 게 부산 제작사가 부산 산복도로를 배경으로 만든 〈심야카페〉다. 이 콘텐츠는 부산 콘텐츠 제작사 케이드래곤이 제작한 웹드라마를 시작으로 웹툰과 영화로도 만들어졌다. 부산 제작사가 기획하고 부산에서 촬영해 여러 형태로 선보였다. 방영 전부터 화제를 모으더니 독일 웹드 페스티벌서 2관왕에 오르는 등 큰 인기를 끌며 감독과 제작사, 배우들도 주목을 받았다.

부산영상위원회의 지원도 눈여겨볼 만하다. 부산영상위와 한국영화아카데미 KAFA 가 협력해 만든 'Made in Busan 장편영화 제작지원사업'의 첫 지원작 〈교토에서 온 편지〉(김민주 감독)를 보면 알 수 있다. 지원작인 덕분에 주연배우 4명 중 3명(한선화, 한채아, 차미경)을 부산 출신으로 기용했고, 조연과 단역도 절반 이상 부산 기반의 활동 배우를 캐스팅했다. 또 감독을 비롯한 스태프의 40% 이상이 부산 출신 인력으로 알려졌다.

부산영상위원회가 만든 BMDB도 그 역할을 톡톡히 하고 있다. 부산 출신 배우의 이름과 활동 지역 등 프로필을 담은 리스트인데, 부산을 배경으로 한 작품이나 배역을 찾을 때 유용하게 활용되고 있다. 부산영상위원회의 BMDB 배우 리스트를 보면 2022년 기준 부산 출신 배우 1076명 가운데 부산에서 활동하는 배우는 749명이다. 이 리스트는 본인이 원하는 경우 등록할 수 있어 여기에 포함되지 않은 대중문화인을 고려하면 숫자가 훨씬 더 많을 것으로 보인다. 또 연출과 촬영, 제작, 조명, 미술 등 구인 글도 접할 수 있어 필요한 인력을 찾거나 실무 제작진이 활동 무대를 넓히는 데 도움이 된다는 평가가 많다.

[연기·연출·뮤지컬⋯부산 대학들 '눈에 띄네']

부산 지역 대학들은 대중문화 꿈나무들에게 '도움닫기' 역할을 하고 있다. 부산영상위가 2019년 부산대에 의뢰해 발간한 20년간 활동의 경제적 효과 분석 보고서의 부산 지역 영화·영상 교육기관 현황을 보면 부산에는 관련 종합대학·전문대학·대학원이 총 25곳으로 파악된다.

학과 수로 보면 75개다. 동의대가 관련 학과 6곳으로 가장 많았고, 부산대와 경성대가 각각 4곳으로 뒤를 이었다. 이 가운데 부산대 예술문화영상학과와 극예술연구회, 경성대 연극영화학과, 동서대 뮤지컬과 출신 대중문화인이 눈에 띄게 활동하고 있다.

특히 뮤지컬 분야에서 약진이 두드러졌다. 동서대 임권택영화예술대학 뮤지컬과 출신 대중문화인들은 지역을 넘어 중앙 무대까지 장악해 활발하게 활동하고 있다.

연출가 이재은, 최민욱, 뮤지컬 배우 오세준, 홍지민, 이건명, 이상아, 전성민, 배우 황미영, 테너 양승엽, 소프라노 왕기헌 등을 배출했다. 이 외에도 주·조연은 물론 앙상블로 뛰는 뮤지컬 인재들이 무대에 대거 포진해 있다. 동서대는 최근 EMK 뮤지컬컴퍼니와 산학협정을 체결하고 지역 뮤지컬 스타 발굴과 육성에 협의하는 등 차세대 뮤지컬 인재 양성에 앞장서고 있다.

대학별로 눈에 띄는 특징도 있었다. 부산대는 예술문화영상학과와 극예술연구회에서 관련 기관 단체장·교육자·프로듀서를, 경성대는 연극영화과에서 배우·코미디언 등 방송인을 많이 배출했다.

해운대 영화의거리 영화 〈해운대〉 존

이런 경향은 최근 대중문화 현황에서도 볼 수 있었다. 2022년 기준 최근 5년간 부산대 예술문화영상학과와 예술·문화와영상매체협동과정 예술경영전공 졸업생 가운데 부산문화재단과 부산문화회관 대표, 부산외대·중국 베이징대학교·건양대 등에 관련 학과 교수로 임용된 사례가 대부분을 차지했다. KNN과 KBS, UBC, 아리랑 국제방송에 프로듀서로 입사한 케이스도 있었다. 졸업생 수도 안정적이다. 부산대 예술문화영상학과에 따르면 이 전공과 협동과정 졸업생은 2010년부터 매년 평균 25~30명을 유지하고 있다. 경성대는 '믿고 보는 배우'들을 여럿 배출했다. 배우 조진웅 태인호 윤사봉 김정태 박정표 한가림 등이 경성대 연극영화과 출신이다. 특히 경성대 출신 배우들의 '부산 사랑'은 각별한 것으로 알려져 있다. 배우 조진웅은 공식 석상에서도 '부산 출신 배우'라는 걸 강조하며 "광안리 바다를 보며 꿈을 키웠다."고 말하는 대표적인 배우다. 부산의 극단에서 활동하다 상경한 태인호 역시 "광안리 바닷가까지 뛰어 갔다 와서 연습을 하곤 했다."고 밝힌 바 있다. 이들 모두 충무로와 브라운관을 오가며 활발하게 활동하고 있다.

조진웅

['반짝반짝' 연기자·방송인 직군]

이런 토양을 발판 삼아 도약한 부산 출신 대중문화인이 중앙에도 대거 포진해 있다. 탤런트와 영화배우, 방송인을 아우르는 방송·연기자 직군은 1128명으로 부산 출신 대중문화인의 대부분을 차지한다.

무엇보다 지난 10년 동안 충무로 신스틸러에서 '중심축'으로 우뚝 선 배우들이 눈에 띈다.

조진웅은 영화 〈말죽거리 잔혹사〉와 〈베스트셀러〉 〈고지전〉 〈퍼펙트 게임〉 등에서 감초 역할을 톡톡히 하다가 2012년 〈용의자X〉부터 주연으로 활약하고 있다. 안정적인 연

태인호

임시완

기력으로 흥행작도 여러 편 냈다. 영화 〈끝까지 간다〉〈명량〉〈아가씨〉〈대장 김창수〉〈보안관〉〈공작〉〈완벽한 타인〉〈퍼펙트맨〉 등은 그가 주연으로 나선 작품이다. 앞으로의 활동도 기대된다. 그는 영화 〈대외비〉와 〈데드맨〉〈독전2〉 〈소년들〉 등의 주연으로 대중과 만난다.

부산대 극예술연구회 출신인 유재명의 행보도 만만치 않다. 유재명은 2015년 부터 주연 자리를 꿰차며 묵직한 존재감을 드러내는 중이다. 대표작으로는 드 라마 〈비밀의 숲〉〈이태원 클라쓰〉, 영화 〈명당〉〈소리도 없이〉 등이 있다. 영 화 〈소방관〉과 〈행복의 나라〉〈하얼빈〉 등의 개봉을 앞두고 있다.

배우 정우도 빼놓을 수 없다. 2013년 드라마 〈응답하라 1994〉에서 일명 '쓰레 기 오빠'로 스타덤에 오른 정우는 이후 카카오TV 웹드라마 〈이 구역의 미친 X〉 와 넷플릭스 〈모범가족〉, 영화 〈이웃사촌〉〈흥부: 글로 세상을 바꾼 자〉 등 여 러 플랫폼을 오가며 주연급 배우로 우뚝 섰다.

2022년 부일영화상에서 남우조연상을 거머쥔 임시완과 인기 드라마 〈부부의 세계〉에서 "사랑이 죄는 아니잖아."라는 유행어를 남긴 박해준도 부산이 고향 이다. 아이돌 그룹 제국의 아이들로 연예계에 데뷔한 임시완은 이듬해 드라마 〈해를 품은 달〉로 연기를 시작한 뒤 연기 내공을 쌓아오고 있다. 드라마 〈트레 이서〉로 시청자를 찾은 데 이어 드라마 〈아무것도 하고 싶지 않아〉로 안방극장 나들이를 했다. 박해준은 〈아직 최선을 다하지 않았을 뿐〉과 영화 〈비상선언〉 〈서울의 봄〉에 출연했다.

작품의 감초 역할을 톡톡히 하는 '신스틸러' 새 얼굴도 여럿 보인다. 배우 강말 금 안보현 고창석 김홍파 정은채 김인권 등이다. 특히 사하구 출신인 안보현은 2014년 〈골든 크로스〉로 연기 생활을 시작했는데 10년이 채 안 되는 시간에 주

연으로 발돋움했다. 드라마 〈이태원 클라쓰〉 〈유미의 세포들〉 〈군검사 도베르만〉 등에
출연했고, 2023년에는 드라마 〈이번 생도 잘 부탁해〉, 영화 〈2시의 데이트〉의 주연으로
대중을 찾을 예정이다.

'흥행 보증 수표'로 불리는 대형 스타도 여럿 있다. 드라마 〈커피프린스 1호점〉 〈도깨비〉
영화 〈부산행〉 〈밀정〉의 공유와 영화 〈검은 사제들〉 〈검사외전〉 〈마스터〉 〈브로커〉의 강
동원은 20년 넘게 정상 자리를 지키고 있다. 부산대 극예술연구회 출신인 이재용도 〈담
보〉 〈브라더〉 〈강철비2: 정상회담〉 등에 출연하는 등 최근까지도 활발하게 활동하고 있
다.

김원효

방송인으로는 이경규 김숙 신봉선 김태현 김원효 이용주 김현숙 이현정 안선영 박수림
등이 맹활약하고 있다. 이경규는 부산 출신 대중문화예술인 네트워크인 '갈매기의 꿈' 초
대 회장을 맡았었다.

['우리도 잘나가요' 가요계 스타들]

가수 직군도 '상승세'를 달리고 있다. 발라드 가수와 래퍼, 아이돌 그룹까지 전방위에 포
진해 가요 팬을 만나는 중이다. 대형 연예기획사에서 연습생 기간을 거친 이들뿐 아니라
각 방송사 오디션 프로그램에 출연해 이름을 알리며 가요 무대에 속속 오르고 있다.

나훈아

'가요계 대부'인 가수 나훈아와 설운도가 든든하게 버티고 있다. 특히 나훈아는 2021년과
2022년 부산 벡스코에서 콘서트를 열고 남다른 '부산 사랑'을 드러냈다. 특히 2021년엔
코로나19 팬데믹으로 힘든 상황에서도 무대에 올라 "부산 동구 초량2동 452번지가 내 고
향"이라며 "다른 무대에 못 서도 내 고향 사람들은 꼭 만나고 싶었다."고 애정을 전한 바
있다.

어느덧 가요계 선배가 된 가수들도 찾아볼 수 있다. 그룹 2PM의 장우영 씨앤블루의 정

정국

곽경택

윤제균

용화 에이핑크 정은지 2AM의 이창민 등이다. 장우영과 정용화 정은지 이창민 등은 그룹 활동을 넘어 활발한 개인 활동도 하고 있다.

글로벌 아이돌 그룹으로 우뚝 선 방탄소년단^{BTS}의 멤버 정국과 지민도 부산 출신이다. 두 사람은 2022년 10월 열린 2030 부산 월드엑스포 유치 기원 콘서트에서 남다른 부산 사랑을 밝혀 주목받았다. 사하구 감천문화마을에는 정국과 지민을 그린 벽화가 있는데 관광객들에게 인기가 좋다. 두 사람의 어린 시절을 느낄 수 있는 '관광 루트'도 생겼다.

가요계 '젊은 피'도 어렵지 않게 찾아볼 수 있다. 래퍼 빅원을 비롯해 그룹 골든차일드의 Y, 강다니엘 등이 젊은 층 사이에서 인기를 끌고 있다.

['K콘텐츠 이끄는' 영화감독·프로듀서]

K콘텐츠가 전 세계적으로 주목받으면서 연출가와 제작자의 입지도 커지고 있다. 부산 출신 영화 감독과 프로듀서의 활약이 두드러지면서 '부산 파워'의 내실을 키우고 있다.

영화 〈해운대〉 〈국제시장〉으로 천만 영화를 두 편이나 낸 윤제균 감독이 대표적이다. 주목할 만한 건 윤 감독이 낸 천만 영화 두 편이 모두 부산 배경 작품인 점이다. 윤 감독은 2022년 7월부터 CJ ENM 스튜디오스 대표를 맡아 영화 연출과 콘텐츠 다양화에도 힘쓰고 있다. 2023년 새해에는 뮤지컬 영화 〈영웅〉으로 8년 만에 극장 관객을 만나고 있다.

넷플릭스 〈수리남〉, 영화 〈공작〉 〈군도: 민란의 시대〉 〈범죄와의 전쟁: 나쁜 놈들의 전쟁〉 〈비스티 보이즈〉를 만든 윤종빈 감독도 대표적인 부산 출신 영화인이다. 영화 〈클로젯〉과 〈검사외전〉 등의 제작에도 참여했을 만큼 전방위로 활동하고 있다.

박배일

윤재호

부산을 대표하는 곽경택 감독은 영화 〈소방관〉 개봉을 준비하고 있다. 곽 감독이 만든 부산 배경의 영화 〈친구〉는 개봉한 지 20년이 넘었지만, 여전히 대중 사이에서 회자되며 '명작'으로 꼽히고 있다. 이후 선보인 영화 〈극비수사〉 〈장사리: 잊혀진 영웅들〉도 좋은 평가를 받았다.

영화 〈니나내나〉를 연출한 이동은 감독과 〈사상〉을 만든 박배일 감독, 〈뷰티풀 데이즈〉 〈파이터〉 〈송해 1927〉의 메가폰을 잡은 윤재호 감독도 부산 출신 연출자다.

예능계 큰손으로 불리는 유호진 PD와 예능계 떠오르는 혜성인 장시원 PD도 부산 출신이다. 유 PD 는 〈뮤직뱅크〉와 〈해피선데이〉 〈1박 2일 시즌3〉 〈어쩌다 사장〉 등을 만들었다. 장 PD는 〈도시어부〉 와 〈최강야구〉 등을 선보여 주목받았다.

[전국구 활동 중심…'부산 출신' 타이틀 '호불호' 갈려]

이제 '동향이라 그저 반갑다'는 말은 대중문화계에선 통하지 않는 듯하다. 게다가 활동을 막 시작하는 배우들 사이에선 '부산 출신'을 내세우는 게 호불호가 갈리는 추세다. 표준어 연기를 주로 하는 특성상 대사에 진한 사투리 억양이 있을 거란 선입견이 있을 수 있고, 연예 활동 반경에 제한이 생길 수 있는 걸 고려한 것으로 보인다. 어느 정도 입지를 다진 배우 중에서도 상경한 지 오래 지났거나,

남포동 엔터테이너 거리

태어난 곳과 자란 곳이 상이할 경우 연고에 연연하지 않는 걸 볼 수 있었다. 또 상경한 뒤 본인의 자력으로 꿈을 이룬 사람들이 많은 점도 하나의 이유로 작용했다.

부산이 고향인 한 배우가 해 준 말이 기억에 남는다. 부산에서 극단 생활을 하다 상경한 경우였는데, '서울행'을 결심한 가장 큰 이유로 "여러 이야기를 해 보고 싶어서"라고 했다. 다양한 사람들과 갖가지 이야기를 해 보고 싶어도 지역의 극단과 활동 대중문화인은 한정돼 있어 '갈증'을 느낄 수밖에 없는 구조란 거다. 결과적으로 서울행을 택한 그 배우는 스크린과 브라운관을 오가는 '믿고 보는' 배우로 자리매김했다. 하지만 부산의 입장에서 보면 지역 문화를 잘 이끌어 나갈 수 있는 능력 있고 실력 있는 인재를 놓친 셈이다. 장기적인 관점에서 영화·영상 산업을 발전시키려면 대중문화인이 끼와 재능을 마음껏 펼칠 수 있는 '장場'을 마련해 선순환 구조를 구축해야 한다. 부산의 내일을 꿈꿀 수 있게 하는 749명의 배우와 중앙 무대에서 종횡무진 활동하고 있는 부산 출신 대중문화인 모두에게 응원을 보낸다.

부산 출신 대표 방송·영화인

부산 출신 대표 영화 감독·PD

강말금

공유

강하늘

강동원

고창석

곽경택

김태용

김해숙

김인권

김홍파

문소리

박해준

박배일

장시원

배정남

안보현

유재명

임시완

정우

유호진

윤제균

정은채

조진웅

채정안

태인호

이경규

윤종빈

이동은

부산 출신 대표 가수

강다니엘 · Y(골든차일드) · 정은지

나훈아 · 빅원 · 설운도

이승환 · 정국(BTS) · 정용화

정훈희 · 지민(BTS) · 이창민

부산 출신 대표 코미디언

김원효

김태현

김숙

이용주

'판박이' 축제
벗어나
트렌드 이끄는
'색깔 있는' 축제로

글 / 김은영

2022 부산국제록페스티벌

'신문화지리지 시즌2 [2022]'는 2009년 시즌1과 비교해 달라진 부산 문화 풍경을 담아내는 것이 주요 과제였다. 앞에서 다룬 취재 꼭지마다 상전벽해의 변화를 목격하고 놀라는 기색이 역력했다. 그런데 부산의 축제는 오히려 그렇지 못해서 놀랐다.

1995년 지방자치제 실시로 민선 단체장 시대가 열리고 동시에 국제 규모의 문화 행사가 늘어나면서 축제의 시대가 본격화했다. 그로부터 10여 년은 양적인 면이나 질적인 면에서 많은 발전을 이뤘다. 하지만 그 후 정체 구간에 든 듯, 특이성과 차별성을 갖지 못하면서 부산 축제 전반에 변화가 필요하다는 인식이 생겨났다. 그러다 코로나19 사태를 맞았고, 변화보다는 안전하게 축제를 개최할 수만 있어도 다행이라는 인식이 퍼지면서 개선 목소리는 다시 수면 아래로 가라앉았다.

취재 중에 만난 한 축제 전문가는 "일부 구·군 단위 축제는 다른 지자체 축제를 컨트롤 C, 컨트롤 V 하면서 약간의 양념만 치는 식으로 무한 복제가 이루어졌다."고 혹평했다. 그러면서 그 전문가는 "축제를 없애자는 말은 아니다. 축제는 더 커지고 많아져야 한다고 생각하기에 고민이 깊어질 수밖에 없다."고 토로했다. 부산의 축제 이대로 좋은지 열두 달 축제 현황과 함께 과제를 짚어 본다.

[10월 개최 최다·관(官) 주도 여전]

먼저 이 책에서 부산의 축제 현황은 일정 기간 [2일 이상] 지역 주민, 지역 단체, 지방 정부가 개최하며, 불특정 다수인이 함께 참여하는 문화관광예술축제 [문화관광 축제·특산물 축제·문화예술제·일반 축제] 로 한정했다. 특정 계층이 중심이 되는 행사 [경연대회, 가요제, 미술제, 연극제, 기념식, 시상식 등] 나 경로잔치 같은 단순 주민 위안 행사, 순수 예술 행사 [음악회, 전시회 등] , 기타 종합적인 축제로서 성격이 약한 행사 [학술행사, 국제회의, 시민의날, 박람회, 패션쇼 등] 는 제외했다. 그러고 나니 51개로 집계됐다. 시즌1의 57개 [부산국제영화제, 부산국제어린이영화제, 부산국제매직페스티벌 등 포함] 와 큰 차이가 없다.

시즌1 당시 문제점으로 지적한 특정 달 10월에 개최하는 축제가 압도적으로 많다는 점은 여전했다. 당시엔 17개였는데 올해는 19개로 더 늘었다. 관 의존도가 높다는 지적 역시 마찬가지다. 관 주도가 무조건 나쁜 건 아니지만, 그만큼 변화의 폭이 작다는 것을 의미한다. 축제야말로 해마다 바뀌는 트렌드를 가장 민감하게 받아들이고, 그해의 이슈를 즉시 반영하는 것인데 변화상이 보이지 않는다는 것은 문제다.

권장욱 동서대 관광경영·컨벤션학과 교수는 "기회가 된다면 부산에서 개최되는 모든 축제를 나열하고, 축제 도시로서 365일 축제가 지속되기 위해 그리고 축제 생태계가 뿌리내리기 위해 시기별로 어디에서 어떠한 주제로 개최되어야 하는지, 시기적인 조정 등은 필요하지 않은지 논의할 수 있으면 좋겠다."고 말했다.

["구청장 좋아하는 가수 불러 주세요!"]

구·군 단위에서 축제 전문가를 찾기가 힘들다는 점도 큰 문제다. 구청장뿐 아니라 담당자마저 자주 바뀌는 구조에서 전문성은 기대하기 힘들다. 결국 매년 해 오던 결과물에다 현 지자체장의 의지나 선호도를 반영하는 방식이 되고 만다.

2022 바다축제

2022 부산항축제

2022년 A 구에서 있었던 일이다. 새로 취임한 B 구청장은 코로나19로 중단했던 지역 축제를 3년 만에 대면으로 개최했다. 이 축제는 구 단위에서 개최하지만, 운영 전담 조직 축제조직위원회 도 있었고, 부산시 우수 축제에 선정될 만큼 나름 탄탄한 입지를 자랑했다. 하지만 B 구청장은 축제조직위원회를 하루아침에 해체하고, 문화예술과에 축제 업무 전반을 맡을 것을 지시했다. 실제 행사 운영이야 입찰 과정을 거친 대행사가 맡았지만, 관 주도 축제 특성상 하나부터 열까지 최종 결정은 구청에서 해야 하는데 축제 전문가도 아닌 공무원이 처음으로 맡다 보니 시행착오가 많았다. 심지어 개막식 무대에 세울 초청 가수를 섭외하는 과정에 구청 직원은 "우리 구청장이 좋아하는 이 가수 꼭 좀 넣어주세요."라는 말을 아무렇지 않게 하더란다.

[경제 활성화·지역 이미지 제고 순기능]

그런데도 축제는 필요한가 하는 근원적인 질문을 해 보자. 흔히 축제는 종합예술이자 종합문화라고 한다. 문화산업의 자양분이라고 할 수 있는 각종 공연과 체험, 놀이, 전통 계승이 축제의 기능에 포함돼 있다. 정체성이 뚜렷한 몇몇 축제는 부산을 넘어 한국의 대표 브랜드 축제로 거듭나고 있다. 특히 요즘은 지역 축제가 경제 활성화나 지역의 이미지를 강화하는 데도 효과를 발휘한다.

역기능이나 단점도 있다. 주민과 공무원 강제 동원 문제뿐 아니라 일회성 이벤트성 행사가 될수록 경제적·시간적 낭비를 할 수 있다. 또 무분별하게 행사를 개최하다 보면 점차 획일화한다. 규모 늘리기에만 치중하거나 과도한 관광 상품화를 좇다 보면 축제 정신이 결여될 수 있다.

[민간 영역 더 열고 변화 시도해야]

전문가 조언을 구하기 위해 축제 관련 일을 하는 이들에게 물었다. 관 주도를 탈피하지 않으면 안 된다는 지적이 가장 많았다. 구체적으로는 축제가 관의 정책을 뽐내기 위한 수단이 되어선 안 된다는 점과 궁극적으로는 주민이 즐기고 거기에 생산성을 발휘할 수 있는 방식의 축제가 되어야 할 것이

2022 부산국제록페스티벌

라는 답변이 돌아왔다. 부산국제영화제 BIFF 처럼 관에서 지원은 하되 민간 BIFF 에서 협찬 확보 등으로 규모를 키우고 프로그래밍 전권을 갖고 운영하는 방식이 되면 좋겠다는 의견도 있었다.

비슷한 맥락에서 민간 주도에 총량이 더 많아져야 한다는 의견도 나왔다. 예를 들면 부산바다축제 예산이 7억 원가량인데, 7억짜리 행사를 하면 민간의 의지가 전혀 들어갈 수 없지만, 기본 예산 7억으로 70억짜리 행사를 만든다면 사정은 달라질 것이다. 록페스티벌만 하더라도 시장이 원하는 밴드를 부르는 게 아니라 일반인이 원하는 밴드를 부르니까 사람들이 지갑을 열고 티켓을 산다고도 했다.

결국 민간이 원하고, 민간이 즐기는 축제로 가야 한다는 점을 분명히 했다. 그러기 위해서는 민간이 자유롭고 창의적인 시선으로 새로운 축제, 새로운 문화적 행위, 더 나아가 새로운 비즈니스 모델을 찾고 개발해야 민간 기업 참여가 늘 것이고, 민간인이 찾아와 소비할 것이며, 그래야만 살아 움직이는 축제가 되어 지속적으로 변화할 것이라고 설명한다.

[축제도 중장기 비전과 로드맵 그려야]

부산의 축제 지형 전반에 대한 고민과 생태계 변화를 위한 노력도 필요하다. 아직은 관이 주도하는 축제가 많은 만큼 축제 전반에 대한 제대로 된 진단과 이를 개선해 나가기 위한 중장기적인 비전이나 로드맵을 그릴 필요가 있다. 그렇지 않으면 매번 행사 하나하나 치르는 데 급급한 나머지 나무만 보고 숲을 보지 못하는 우를 범할 수 있다.

시가 구·군 축제의 콘셉트는 정해줄 수 없지만 적어도 개최 시기 분산을 유도하거나 조정할 수는 있지 않느냐는 지적도 나왔다. 그러는 가운데 축제 관련 데이터도 축적하고, 부재한 아카이빙 문제도 해결할 수 있어야 한다. 청년들이 축제를 기획하는 기회도 많아져야 할 것이다. 축제 전문가를 키워야 한다는 말이다. 부산형 축제 아카데미 같은 것도 충분히 검토할 만하다. 다만 그 역할을 누가 할 것인가는 여전히 숙제다.

부산시 손태욱 관광진흥과장은 "책임을 분산하는 측면에서 민간이 들어와서 역량을 펼칠 수 있도록 우리는 플랫폼 역할과 행정적인 지원만 하는 방향으로 나아가야 하는 게 좋지 않을까 생각한다." 면서도 그 시기가 언제가 될지는 장담하지 못했다. 손 과장은 또 "부산시 대표 축제를 주관하는 문화관광축제조직위만 하더라도 역량 있는 분들이 많아서 축제 하나하나는 잘 치르지만, 그것과 연계된 다른 작업은 미흡한 것도 사실"이라면서 "부산시, 기초자치단체, 민간을 가리지 않고 부산에서 열리는 축제 전반을 살펴보는 한편 시의 역할과 정책 구상을 가다듬을 필요는 있다."고 강조했다.

2022 부산불꽃축제

[부산 대표 축제에 쏟아진 말·말·말]

한편·부산의 대표 축제를 총괄하는 부산문화관광축제조직위원회에서 2023년 1월 6~7일 개최한 '부산 대표 축제 운영혁신 워크숍'에서 나온 내용을 번외로 싣는다. 개별 축제에 대한 평가인 동시에 부산지역 축제 전반에 대한 평가가 일부 포함돼 의미 있는 발언으로 생각되어서다. 단, 발언자는 익명으로 처리한다. 부산국제록페스티벌이나 부산불꽃축제, 부산낙동강유채꽃축제에 대한 언급도 있었지만 가장 많은 발언이 나온 내용으로 간추렸다.

먼저 부산바다축제 관련 내용이다. "부산이 자랑하는 천혜의 바다라는 자연자원을 활용한 축제라는 점과 타 지역에 바다축제가 없다는 측면에서 적절한 콘셉트라고 생각한다. 하지만 실제 축제에서 시연되는 프로그램 내용은 바다와 해변을 함께 즐기는 것이 아니라, 바다 옆에 공연장을 만들어

2022 바다축제 개막 행사 '부산 유치해' 콘서트

놓고, 공연 힙합 춤 버스킹 을 관람하도록 하는 내용으로 구성돼 있다. 공연 무대를 설치하기보다는 바다 자체를 무대화하는 발상의 전환이 필요한 것은 아닌지 고민해야 한다." "해수욕장별 특색 있는 콘텐츠를 개발할 필요가 있다. 해마다 주 무대 해수욕장 를 옮기면서 하나의 해수욕장으로 주제와 장소를 집중하는 것도 방법이 될 수 있다." "부산바다축제는 지역 주민의 화합에 초점을 맞춘 것이 아니라 외부 관광객 유입을 통한 지역 경제 활성화가 목적인 문화관광축제라고 할 수 있다. 상품성은 물론 차별성 있는 프로그램을 만들기 위해 일본의 '콘텐츠 투어리즘'도 참고할 만하다. 즉 부산 해수욕장에 놀러 온 관광객을 대상으로 영도 깡깡이예술마을, 감천문화마을, 흰여울문화마을, UN평화공원, 범어사, 오륜대, 오륙도 등 부산의 대표 관광지와 연계한 프로그램을 개발하는 것이다." "장기적으로는 부산바다축제를 여름과 겨울 두 차례 여는 방안도 필요하다. 겨울에 부산을 찾는 관광객이 줄 수밖에 없는데 겨울 바다축제를 열어 프로그램을 다양화한다면 새로운 관광 콘텐츠가 될 수 있을 것이다."

다음은 부산항축제 관련이다. "전반적으로 기획과 운영 능력이 뛰어난 것으로 인정받고 있다. 업계와 공생하는 방식으로 진행돼 그 의미가 크다. 아울러 이 정도 수준이면 유료화를 본격적으로 추진해야 한다고 생각한다. 유료화는 축제의 수준을 높이면서 경제적 효과를 창출하며 동시에 축제를 관광상품화하는 데 매우 중요한 요인이기 때문에 부산항축제 정도 수준이라면 충분히 가능성이 있다고 판단된다." "개최 시기와 장소에 대한 고민이 필요하다. 2022년은 7월에 개최했지만, 그전에는 바다의날인 5월 31일 전후로 열렸다. 북항과 영도로 나누어진 두 곳으로 이원화된 장소 특성을 살린 프로그램 배치가 필요할 것이다."

부산원도심골목길축제는 정체성 논란이 컸다. "4개 ^{중구, 서구, 동구, 영도구} 구별 특색이 담긴 역사, 문화 자원을 활용한 원도심 관광자원 발굴 및 활성화 목적에도 불구하고 주관처가 기초지자체별로 나뉘어져 있어 업무 연계가 어렵고 참여자 숫자도 저조해 대책을 강구해야 할 것이다." "좁은 골목길이라는 공간의 협소함으로 인해 대동성을 느끼기에는 한계가 있다. 관광 체험형 상품으로서는 충실해 보이지만 이것을 굳이 축제라고 볼 수 있을지 논의가 필요하다."

마지막으로 부산지역 축제 전반에 대한 평가이다. "구청별 중소형 축제에 대한 컨설팅이 필요하다. 축제 현장 평가와 분석 자료를 제공해야 할 것이다." "부산에서 개최되는 축제 전반의 업그레이드를 위한 노력(역량 강화)과 축제 인력 양성 프로그램 개발이 필요하다. 축제 정보 제공을 위한 플랫폼 강화와 홈페이지 내용 업그레이드가 필요하다." "최근 축제 분야에서 이슈가 되고 있는 ESG ^{지속가능경영}에 대한 대처, 지역 주민 참여, 업계와의 공존, 유료화, 축제 도시로서 개최 시기, 안전 대처에 대한 논의도 짚어볼 만하다." "365일 연중 부산축제 상황을 공유할 수 있는 부산축제 애플리케이션을 개발하면 좋겠다. 실시간 정보 전달을 통해 관람객과 시민의 인터랙티브 소통이 강화돼야 한다."

관리주체	축제명	축제 유형	개최 기간	개최 장소	최초 개최년도	전담조직(축제사무국)
			부산 지역 축제 현황(2022년 12월 기준)			
부산시	제10회 낙동강유채꽃축제	생태자연	4.9~17(취소)	대저생태공원	2011	(사)부산문화관광축제조직위원회
	제7회 부산원도심골목길축제	전통역사	6.11~12	원도심 4개구 일원	2015	
	제15회 부산항축제	전통역사	7.2~3	부산항국제여객터미널 등	2008	
	제26회 부산바다축제	생태자연	7.30~8.7	해운대해수욕장 등	1996	
	제22회 부산국제록페스티벌	문화예술	10.1~2	삼락생태공원 일원	2000	
	제17회 부산불꽃축제	문화예술	12.17	광안리해수욕장 등	2005	
	2023 시민의 종 타종 행사	기타	12.31~2023.1.1	용두산공원 일원	1996	
강서구	제6회 강서 낙동강변 30리 벚꽃축제	생태자연	3월 말(취소)	대저생태공원	2015	강서구축제추진위원회
	제20회 대저토마토축제	지역특산물(대저토마토)	4월 초(취소)	강서체육공원	2001	대저토마토축제추진위원회
	제20회 명지시장전어축제	지역특산물(전어)	8.30~9.1	명지시장 일원	2001	명지시장 상인/명지시장전어축제 추진위원회
	제6회 가덕도대구축제	지역특산물(가덕도대구)	12.11~12(취소)	대항항	2015	가덕도대구축제위원회
금정구	2022 금정산성축제	문화예술	10.29~30	금정산성광장 일대	1996	금정구축제위원회/금정문화재단
	제6회 라라라페스티벌	기타	10.2~23	부산대 지하철역 아래 문화행사장	2016	금정구
기장군	제11회 기장 미역다시마 축제	특산물	취소	일광읍 이동항 이원	2008	기장미역다시마축제추진위원회
	제26회 기장멸치축제	특산물	5.20~22	대변항 일원	1997	기장멸치축제추진위원회
	제18회 일광낭만가요제	기타(주민 화합)	7.29~30	일광해수욕장 이벤트 무대	2002	일광낭만가요제추진위원회
	제24회 기장갯마을축제	기타(주민 화합)	8.6~7	일광해수욕장 이벤트광장 일원	1995	기장갯마을축제추진위원회
	제8회 정관생태하천학습문화축제	기타(주민 화합)	10.22~23	기장군 정관 중앙공원·좌광천 일원	2012	정관생태하천학습문화축제추진위원회
	제13회 철마한우불고기축제	특산물	10월 중(취소)	철마면 장전천 들녘	2005	철마한우불고기 축제추진위원회
	제16회 차성문화제	기타(주민 화합)	10.29~30(이태원 참사로 체험학습 프로그램만 운영)	일광면 월드컵빌리지 일원	1995	차성문화제추진위원회
	제16회 기장붕장어축제	특산물	11.11~13(취소)	기장군 칠암항, 신암항 일원	2004	기장붕장어축제추진위원회
남구	제24회 UN평화축제	기타(주민화합)	10.15~16	남구 평화공원 일원	1997	남구
동구	제19회 차이나타운특구문화축제	문화예술	10.14~16	차이나타운특구 일대	2004	차이나타운특구축제추진위원회
동래구	제28회 동래읍성역사축제	전통역사	10.14~16	동래읍성(북문), 동래문화회관 등	1995	동래문화원/동래읍성역사축제추진위원회

관리주체	축제명	축제 유형	개최 기간	개최 장소	최초 개최년도	전담조직(축제사무국)
부산진구	우리문화체험축제	전통역사	취소	부산시민공원 일원	2007(격년제)	부산진구
	제11회 서면메디컬스트리트 축제	기타	11.4~5	KT&G 상상마당 사거리	2011	(사)서면메디컬스트리트 의료관광협의회
	제6회 전포커피축제	기타	10.7~9	전포카페거리 일원	2017	부산진구/상인회
북구	제9회 낙동강 구포나루 축제	문화예술	10.28~30	화명생태공원	2011	북구
사상구	제19회 사상강변축제	주민 화합	10.22~23	삼락생태공원	2001	사상문화원
사하구	제11회 하단포구 웅어축제	특산물	취소	하단항 일원	2006	부산시수협 하단어촌계
	제8회 다대포어항문화축제	전통역사	취소	다대포항 일원	2010	부산시수협 다대어촌계
	제6회 부산어묵축제	특산물	취소	다대포 해변공원 일원	2015	부산어육제품공업협동조합
	제12회 감천문화마을 골목축제	전통역사	10.28~29	감천문화마을 일원	2011	감천문화마을주민협의회
서구	제13회 부산고등어축제	특산물	10.21~23	송도해수욕장	2008	부산서구문화원
수영구	제20회 광안리어방축제	전통역사	10.14~16	광안리해수욕장 및 수영사적공원	2001	수영구축제위원회
연제구	제3회 연제고분판타지축제	전통역사	3.25.~4.10(전시행사로 진행)	온천천,연산동고분군	2018	연제구축제추진위원회
영도구	수국꽃 문화축제	문화예술	6.25~7.3(취소)	태종사 경내	2006	수국축제추진위원회
	제30회 영도다리축제	문화예술	10.14~16	영도대교, 아미르공원	1993	영도구/영도문화원
	1st 글로벌 영도커피페스티벌	문화예술	11.4~6	아미르공원	2019	영도구/(사)한국커피협회
중구	광복로 연등문화제	문화예술	취소	광복로 일원	2014	부산광역시 중구불교연합회
	2022 조선통신사축제	전통역사	5.5~8	용두산공원, 광복로 일원 등	2003	부산문화재단
	제29회 부산자갈치축제	지역특산물	10.13~16	자갈치시장 일원 등	1992	(사)부산자갈치문화관광축제위원회
	제17회 보수동책방골목문화축제	문화예술	10.28~30	보수동책방골목 일원	1996	보수동책방골목번영회
	2022 광복로 겨울빛 트리축제	문화예술	12.18~2023.1.29	광복로 등	2009	부산기독교총연합회
해운대구	제38회 해운대 달맞이온천축제	전통역사(주민화합)	2.8(취소)	해운대해수욕장 일원	1983	(사)해운대지구발전협의회
	2022 해운대 모래축제	문화예술	5.20~23	해운대해수욕장 일원	2005	해운대구/(사)해운대문화관광협의회
	해운대 해양레저축제	기타	9.24~25	송정해수욕장 일원	2017	해운대구
	제23회 해운대 달맞이언덕 인문학축제	문화예술	10.22~23	달맞이언덕 일원	1998	해운대포럼
	제9회 해운대 빛축제	기타	11.18~2023.1.24	해운대해수욕장 일원	2014	해운대구/해운대빛축제조직위원회
	제35회 해운대북극곰축제	생태자연	12.23~24	해운대해수욕장	1988	부산일보사
	2023 카운트다운&해맞이 축제	기타	12.31~2023.1.1	해운대해수욕장 일원	2019	해운대구

참고 자료 및 사진 제공

부산일보
윤민호

우리 동네엔 어떤 발굴 유적이…
문화재청〉행정정보〉문화재발굴조사 https://www.cha.go.kr/
부산박물관·부경문물연구원·한국문물연구원
부산역사문화대전 busan.grandculture.net/

문학의 원천, 부산
소설가 조갑상, 문성수, 이정임, 배길남
시인 김수우
평론가 구모룡, 박대현, 전성욱, 강희철
부경근대사료연구소
부산비엔날레조직위원회

일상 속 문화공간, 서점과 도서관
이인미
치옹타옹

부산의 미디어 생태계
비온후
KNN

틀을 깨자, 복합문화공간
이인미

도시와 건축
이인미
Getty Images Bank

미술관 옆 화랑
고은문화재단
디그리쇼한국위원회
부산문화재단
부산비엔날레조직위원회
부산시립미술관
부산현대미술관
(사)부산화랑협회
(사)아트쇼부산
김봉관
박자현

클래식 음악을 만나는 곳
라온음악당
스페이스움
아트뱅크코레아
오페라바움
김창욱

춤의 고장, 부산
국립부산국악원
부산광역시
부산국제무용제
부산대학무용연합회
경희댄스시어터
신은주무용단
윤여숙무용단
이태상프로젝트

부산 연극, 공간과 사람들
민주공원
부산문화회관
부산소극장연극협의회
부산시민회관
부산연극협회
영화의전당
열린아트홀
나다소극장
극단 가마골
극단 따뜻한사람
극단 드렁큰씨어터
극단 바다와 문화를 사랑하는 사람들
극단 아센
극단 아이컨텍
극단 자갈치
극단 잠방(박태양)
극단 B급로타리
부산시립극단
예술은공유다(어댑터플레이스)
청춘나비

부산은 촬영 중-로케이션 인기 TOP 100
부산영상위원회

부산의 크고 작은 영화제
관객운동단체 모퉁이극장
국제해양영화제
부산국제단편영화제
부산국제어린이청소년영화제
부산독립영화협회
부산평화영화제
영화의전당

부산 인디음악과 공연장
민락인디트레이닝센터
부산문화재단
부산정보산업진흥원 부산음악창작소
상상마당 부산
BNK부산은행
노드
김광혁
세이수미
오방가르드

부산의 축제
부산문화관광축제조직위원회

맺는 글

《부산문화지리지》는 이래저래 말도 많고 탈도 많았다. 마지막 교정을 보기 위해 신문사 경력 30년 차 필진 3명이 출판사로 가는 깜깜한 골목길에서 차량 접촉 사고가 났다. 사람은 다치지 않았지만, '新문화지리지 액땜'을 떠올리지 않을 수 없었다. A 기자는 '新문화지리지-2009 부산 재발견' 신문 연재 당시 첫 회 취재 차 문화재 발굴 현장을 찾았다가 다쳤고, 아직 그 후유증에 시달리고 있기 때문이다. 함께 차에 탔던 B 기자는 '新문화지리지-2022 부산 재발견' 연재 도중 가족을 잃는 아픔을 겪었고, 동승했던 C 기자 역시 연재 막바지에 크게 다치는 바람에 게재 일정에 차질이 빚어질 뻔했다. 다른 취재와 달리 이번 기획은 하나의 항목에 근 한 달가량 취재 공력을 들여야 하는 데다 각자 본연의 업무를 수행하면서 진행한 거라 순번을 바꾸거나 누군가 대신하는 게 쉽지 않았다. 30년 차 필진 3명에겐 감회가 남다를 수밖에 없다.

울고 웃으며 만들었던 신문화지리지 시즌2를 마무리했다. 《부산일보》 신문 연재와 책 만들기 작업을, 한 번도 아닌 두 번이나 진행하면서 격세지감을 느꼈다. 무엇보다 이번 시즌2에선 집필진을 꾸리는 게 너무나 힘들었다. 부산문화재단의 제안과 지원으로 13년 만에 신문화지리지 수정 증보판을 만들기로 한 것까지는 좋았는데, 글을 쓸 사람을 모을 수 없었다.

시즌1을 문화부원끼리 '으쌰 으쌰' 했던 것과는 천양지차였다. 궁여지책으로 시즌1을 함께했던 기자들을 일일이 찾아다녔다. 문화부 근무 이력이 있는 후배 기자들을 설득했다. 그들 사정도 별반

다르지 않았다. 지금 하는 일만으로도 벅찬데, 가욋일로 무언가를 할 상황은 아니라는 것이다. 그렇게 두어 달이 흘렀고, 포기해야 하나 싶던 찰나, "저라도 힘을 보태겠다."며 한 명이 나섰다. 그리고 또 한 명, 또 한 명. "선배가 이렇게 하시는데요." "시간은 없지만 의미 있는 일이니 해보고 싶네요." 이렇게 9명의 필진이 꾸려졌다.

정말이지 '특별'한 취재팀이 되었다. 근무 부서도 다르고, 입사 연도도 달랐다. 팀원 대부분이 20~30년 차 기자라는 점은 더 특이했다. 문화부장을 역임한 기자가 3명, 30년 차 이상만 3명, 합산 기자 경력이 200여 년에 달한다. 오죽했으면 한국기자협회에서 우리 특별취재팀을 인터뷰해 기사화했다. '2030이 대세? 여기 부산일보 20년·30년 차가 나섰다네'라는 제목의 기사였다.

우리에겐 하나의 공통점이 있다. 문화부 취재 경험이 많아 누구보다 이번 기획 취지를 잘 이해하고, 부산 문화에 보탬이 되고 싶다는 마음도 같다. 토론 과정을 통해 기획 방향도 새로 정했다. 단순히 2009년 이후의 변화상을 업데이트하는 데 그칠 게 아니라 춤, 음악, 건축, 영화제 등 앞서 다루지 않았던 분야를 추가했다.

시즌1보다 취재 꼭지가 줄어들긴 했지만, 내용을 채우는 일은 여전히 힘들었다. 시즌1과 달리 선택과 집중으로 부산 문화 본질을 드러내고자 했지만, 미흡한 점도 있을 것이다. 달라진 부산 문화

풍경과 새로운 흐름을 포착하는 작업이 생각만큼 간단치 않아서다. 그래서 발품과 손품을 톡톡히 팔았다. 겪어 본 사람은 알 것이다. 자료를 모으고, 확인하고, 분석하는 데 들어가는 품이 만만찮다는 것을.

기획 단계부터 출간 작업까지 치자면 열 달가량 걸렸다. 열정을 가진 후배들 덕분에 힘든 시간을 잘 헤쳐 나올 수 있었다. 나도, 그네들도 왜 그렇게 매달렸을까 싶지만, 감히 말하건대, 부산문화에 대한 남다른 관심과 애정 덕분일 것이다.

좋은 소식도 있었다. 이번 기획보도 '新문화지리지-2022 부산 재발견'이 한국기자협회 제388회 '이 달의 기자상'(지역 기획보도 신문·통신 부문)을 받았다. 수상 소감에 썼던 말인데 가져와 본다. 우리가 하고 싶었던 말이어서다.

"누가 시킨 것도 아닌데, 왜 그랬냐고요? 속보 경쟁에 지친 지금은, 하나의 아이템 취재를 위해 한 달 이상 매달리는 작업은 좀체 하지 않는다는 걸 알기 때문에 부린 오기였을 겁니다. 적나라한 지역 문화 현실을 있는 그대로 드러내고 싶었지만, 모든 결과가 다 만족스러운 것은 아닙니다. 지역별 불균형이 여실히 드러난 불편한 현실도 직면했습니다. 그런데도 또 하나의 구슬을 꿰었다고 자부할 수 있었습니다. 혹시라도 다시 10년의 시간이 흘러서 세 번째 수정 증보판을 낼 즈음에는-이번 특별취재팀 참여 기자의 절반 넘게 퇴직을 한 상황이겠지만·남은 후배들이 더 나은 기획으로 뒷받침해 줄 걸로 믿습니다.”

이만하면 해피 엔딩이라 할 만하다. 제법 근사한 기억으로 오래오래 남을 것 같다. 인사치레가 아니라 이번 책을 만드는 데 도움을 준 이들이 너무나 많다. <부산일보> 김진수 사장과 김수진 편집국장에게 감사한다. 전성록 문화사업국장, 노정현 전 편집국장, 이호진 전 편집국 부국장의 ‘결단’이 없었으면 시작도 못 했을 것이다. 기획보도를 지원해 준 부산문화재단 이미연 대표·박소윤 기획경영실장·김두진 예술진흥본부장, 멋진 그래픽과 책을 만들어 준 비온후 출판사 김철진 대표, 사진으로 도움을 준 윤민호 사진가, 기획 취지를 이해하고 응원 차원에서 부산영화촬영스튜디오까지 제공해 준 부산영상위원회, 현장 실무를 지원한 김상훈 문화부장과 천영철 전 문화부장이 있다. 마지막으로 한 땀 한 땀 수놓듯 자기 생각을 글과 자료로 풀어준 이상헌 편집 파트 선임기자, 오금아 문화부 에디터, 정달식 경제·문화 파트장, 김효정 스포츠라이프부 에디터, 박세익 기획취재부 부장, 윤여진 사회부 차장, 김동주 스포츠라이프부 차장, 남유정 문화부 기자 이름을 불러 본다. 감사합니다.

2023년 3월 마지막 교정을 보고 온 날 밤에

집필진 대표 / 문화부 선임기자(부국장) **김은영**

글쓴이

김은영

1989년 부산일보 입사. 1946년 창사 이래 공채 기자 출신 여성으로는 최초의 논설위원 (2017~2022)을 역임했다. 일본 외무성·미국 국무부·대만 외교부 초청 연수를 다녀왔으며, 일본 니시니혼(西日本)신문사에서 파견 근무를 했다. 부산국제영화제(BIFF)후원회 운영위원장, 부산문화관광축제조직위원회 집행위원, 부산연구원 부산학센터 연구자문위원, 부산시립미술관 운영위원, 원북원부산 운영위원을 맡고 있다.

이상헌

글쓰기를 그리 싫어하면서도 30년 기자 생활을 했다. 글은 손이 아니라 발로 써야 한다고 철석같이 믿은 세월이었다. 낮아지고자 했지만 쉽지 않았다. 지금도 신문 만들기는 익숙해지지 않는다. 30년 공부하고 30년 일했다. 그렇게 하루하루를 살다 문득 되돌아보니 손에 잡히는 게 없다. 남은 30년은 뭘 할까? 그물에 걸리지 않는 바람처럼 살아가야겠다.

오금아

1994년 부산일보 입사. 일본 니시니혼(西日本)신문사로 1년 파견 근무도 갔다 왔다. 어릴 때부터 잡다한 데이터를 수집하고 거기서 새로움을 발견하는 일을 꽤 좋아했다. 문화부에 와서 골목골목 발품을 팔며 지역의 문화지도를 그리는 일이 즐거웠다. 그림책 수집이 취미이며, 2018년 말부터 그림책 칼럼 '오금아의 그림책방'을 쓰고 있다.

김효정

세상에 대한 호기심, 사람에 대한 사랑, 뭐든 잘하고 싶은 열정, 새로운 것에 대한 설렘. 이런 특성이 자연스럽게 기자로 이끌었다. 1995년 부산일보 입사 후 공연, 미술, 여행, 라이프스타일, 여성에 관한 글을 써 왔다. 제대로 잘 놀기, 가치있는 삶, 선한 영향력에 대해 항상 고민한다. 여행을 무척 좋아하며 일상의 삶조차 매일 떠나는 여행이라 생각하고 산다.

정달식

활자를 좋아함은 운명이라면, 건축을 좋아함은 우연이다. 기자의 <도시, 변혁을 꿈꾸다>도 우연의 산물이다. 언제부터인가 기자 생활의 한 축에 도시와 건축, 문화가 있었다. 공저 《우리가 만드는 문화도시》에도 도시와 문화가 있다. 백범 김구는 내가 원하는 우리나라에서 "오직 한없이 가지고 싶은 것은 높은 문화의 힘이다."라고 했다. 기자 또한 그렇다. 앞으로도 계속 글 쓰는 것은 놓치지 않을 것 같다. 운명이라서? 좋아해서? 잘 모르겠지만….

박세익

2000년 부산일보사에 몸담고, 눈을 뜨니 부장이 되어 있다. 국내외 여러 분야, 수도 없는 공간에서 많은 이들을 만나고 탐구하며 켜켜이 쌓은 경험과 기억들이 하룻밤 꿈인 듯 허무하다. 늘 부족했던 시간을 오늘도 부끄러워한다. 그래도 간혹 기자라 불릴 때 여전히 설렌다. 스스로 기자다움이 빛나는 후배들을 무엇으로든 지지하고 응원할 때, 어디서든 미래를 꿈꾸는 보석 같은 이들을 발견할 때 더욱 설렌다.

윤여진

부산대 정치외교학과 및 부산대 국제대학원을 거쳐 2003년 부산일보사 입사했다. 사회부, 문화부, 편집부, 라이프레저부, 교육팀 등에서 근무했고 미국 워싱턴대(University of Washington)에서 문화유산 발굴 및 활용을 주제로 1년간 연수를 하였다. 공저로는 《부산영화사》를 저술했다. 최은희여기자상 등 수상. 현재 사회부 내근차장 재직 중이다.

김동주

혈액형 B형에 말띠, 별자리는 전갈자리. '세계' 보이는 것들을 갖고 태어났지만, 소심하고 감성적이다. 문헌정보학을 전공해 사서가 되겠지 했는데 엉뚱하게 기자가 돼 있다. 쓴다는 것은 기록되어 기억되는 것이므로 늘 두려움을 느낀다. 시외버스터미널 앞에서 길을 가로막던 도인이 "조상이 공덕을 많이 쌓았다."고 하더니 실제로 '인덕'이 넘쳐 좋은 기회를 많이 얻고 산다.

남유정

부산일보 문화부에서 영화와 대중문화 관련 글을 쓰고 있다. 필드에서 사람을 만나 그들의 이야기를 들을 때 설렘을 느낀다. 누군가의 내일을 꿈꾸게 하는 글을 쓰기 위해 오늘도 열심히 달린다.

부산문화지리지

부산 문화를 읽다

펴낸 날 2023년 3월 31일 1판 1쇄

펴낸 곳

비온후 www.beonwhobook.com
부산시 수영구 망미번영로 63번길 16
출판등록 2000년 4월 28일 제 2018-000013호

펴낸 이   김철진
꾸민 이   김철진

도움 부산일보사 부산문화재단

978-89-90969-58-3 03980
책값 18,000원

글쓴이

김은영

이상헌

오금아

김효정

정달식

박세익

윤여진

김동주

남유정